高等职业教育能源动力与材料类系列教材

热工测量仪表及应用

REGONG CELIANG YIBIAO JI YINGYONG

- 主　编　徐站桂　王　钊
- 副主编　宁薇薇　陈曦梅　唐仕锋
- 主　审　陈　洁

重庆大学出版社

内容提要

本书根据高职火电厂集控运行、电厂热能动力装置专业就业岗位群的岗位能力要求,结合高职教育特点编写而成。其主要内容包括认识火电厂热工参数、温度测量及应用、压力测量及应用、液位测量及应用、流量测量及应用、氧化锆氧量计校正、电涡流传感器测量位移7个教学情境。

本书可作为高职能源动力类专业的教材,也可作为热工维护相关技术人员的参考用书。

图书在版编目(CIP)数据

热工测量仪表及应用/徐站桂,王钊主编. -- 重庆:
重庆大学出版社,2020.4
ISBN 978-7-5689-2095-7

Ⅰ.①热… Ⅱ.①徐… ②王… Ⅲ.①热工仪表—高
等职业教育—教材 Ⅳ.①TH81

中国版本图书馆 CIP 数据核字(2020)第 062851 号

热工测量仪表及应用

主 编 徐站桂 王 钊
副主编 宁薇薇 陈曦梅 唐仕锋
主 审 陈 洁
策划编辑:鲁 黎

责任编辑:姜 凤 版式设计:鲁 黎
责任校对:刘志刚 责任印制:张 策
*
重庆大学出版社出版发行
出版人:饶帮华
社址:重庆市沙坪坝区大学城西路 21 号
邮编:401331
电话:(023)88617190 88617185(中小学)
传真:(023)88617186 88617166
网址:http://www.cqup.com.cn
邮箱:fxk@cqup.com.cn(营销中心)
全国新华书店经销
重庆市国丰印务有限责任公司印刷
*
开本:787mm×1092mm 1/16 印张:8 字数:192 千
2020 年 4 月第 1 版 2020 年 4 月第 1 次印刷
ISBN 978-7-5689-2095-7 定价:32.00 元

高等职业教育能源动力与材料大类

（能源电力专业群）系列教材编委会

序言

　　践行习近平总书记提出的"四个革命、一个合作"能源安全新战略，赋予了电力企业全新的使命，众多电力企业需要像电能一样——源源不断地输送到千家万户——需要持续补充能源电力类技术技能型员工，电力类职业院校无疑是这一战略和使命的有力支撑者与践行者。

　　近年来，长沙电力职业技术学院始终以"产教融合"为主线，以"做精做特"为思路，打造能源电力特色专业群，不断推进人才培养与能源电力发展接轨、与产业升级对接，全力培养电力行业新时代卓越产业工人，为服务经济社会发展提供强有力的人才保障。

　　教材，是人才培养和开展教育教学的支撑和载体。为此，长沙电力职业技术学院把编制"产教深度融合、工学无缝对接"的教材作为专业群建设的关键切入点，从培养能源电力行业一线职工的角度出发，下大力气破解在传统观念影响下，职业教育教材与企业生产实际、就业岗位需求脱节的突出问题。本套教材由长沙电力职业技术学院教师与"发、输、变、配、用"等能源电力产业链各环节的企业专家、技术人员通力合作编写而成，贯彻了"产教协同"的思路理念，汇聚了源自企业生产一线和技能岗位的实践经验。

　　以德为先，德育和智育相互融合。本套教材立足高职学生视角，在突出内容设计和语言表达的针对性、通俗性、可读性的同时，注重将核心价值观、职业道德和电力行业、企业文化等元素融入其中，引导学生树立共产主义远大理想，把"爱国情、强国志、报国行"自觉融入实现"中国梦"的奋斗之中，努力成为德、智、体、美、劳全面发展的社会主义建设者和接班人。

　　以实为体，理论与实践相互支撑。"教育上最重要的事是要给学生一种改造环境的能力"（陶行知语）。为此，本套教材更加突出对学生职业能力的培养，在确保理论知识适度、实用的基础上，采用任务驱动模式编排学习内容，以"项目＋任务"为主体，导入大量典型岗位案例，启发学生"做中学、学中做"，促进实现工学结合、"教学做"一体化目标。同时，得益于本套教材为校企合作开发，确保了课程内容源于企业生产实际，具有较好的"技术跟随度"，较为全面地反映了能源电力专业最新知识，以及新工艺、新方法、新规范和新标准。

　　以生为本，线上与线下相互衔接。本套教材配有数字化教学资源平台，能够更好地适应混合式教学、在线学习等泛在教学模式的需要,有利于教材跟随能源电力专业技术发展和产业升级情况,及时调整更新。平台建立了动态化、立体化的教学资源体系,内容涵盖课程电子教案、教学课件、辅助资源(视频、动画、文字、图片)、测试题库、考核方案等,学生可通过扫描"二维码",结合线上资源与纸质教材进行自主学习,为大力开展网络课堂和智慧学习提供了有力的技术支撑。

"教育者,非为已往;非为现在,而专为将来"(蔡元培语)。随着现场工作标准的提高、新技术的应用,本套教材还将不断改进和完善。希望本套教材的出版能够为能源动力与材料专业大类的专业人才培养提供参考借鉴,为"全能型"供电所建设发展作有益探索!

与此同时,对为本套系列教材辛勤付出的编委会成员、编写人员、出版社工作人员表示衷心的感谢!

2019 年 12 月

本书根据集控、热动专业相关岗位职业技能标准、岗位职责,结合高职培养目标,提炼典型工作任务设置课程情境,形成课程标准和教学情境;按照知识与技能的相关性和同一性原则序化课程内容;按照工作过程和生产组织形式,基于行动导向的一体化教学模式设计教学任务。

根据高职学生的学习特点,本着"理论够用、应用为主,不求全面、着重实用"的原则,将理论知识高度融合于操作实践中的指导思想设计任务驱动式教学内容,同时以锻炼学生动手能力、培养责任感、担当精神为目的。力求达到:做中学,符合学生学情;有配套,实训设施支撑教学内容;有思考,促进知识技能内化;有任务,督促学生学习;有成果,激发学生学习兴趣;有分工,培养团队合作;有评价,及时反馈学习效果。

本书首先从认识火电厂热工参数入手,使学生在对电厂参数有了基本的、感性的了解基础上,再组建一简单的温度测量系统,从动手中掌握各组成部分的功能及作用,了解测量的本质内涵。再通过对温度测量仪表的校验操作,学会技能的同时掌握对仪表性能检查和评价的方法,以及测量在电厂中的具体作用。压力测量及应用、液位测量及应用、流量测量及应用等章节,既是让学生了解火电厂主要参数的种类、测量方法,更是测量知识与技能的迁移,让学生学会灵活应用所学、培养举一反三的能力。

本书共7个情境,由长沙电力职业技术学院徐站桂、王钊主编。情境1和情境7由徐站桂编写;情境2由宁薇薇编写;情境3由王钊编写;情境4和情境5由陈曦梅编写;情境6由中国能建湖南火电建设有限公司唐仕锋编写。全书由长沙电力职业技术学院陈洁主审,在此谨表感谢。

由于编者水平所限,书中疏漏之处在所难免,恳请广大读者批评指正。

编　者

2019 年 11 月

目　录

情境 1　认识火电厂热工参数

【情境描述】

　　根据提供的热工参数表(表1.1)中所列的参数,结合"锅炉巡查""汽轮机巡查""发电厂动力部分"课程的内容,对所列参数进行分类和整理,初步了解火电厂热工参数的类型及热工测量的意义。

【情境目标】

　　1.能对所提供的热工参数表中的参数进行分类。
　　2.能说出火电厂主要热工参数的类型。
　　3.理解热工参数测量在火电厂中的作用及意义。

任务 1.1　认识火电厂热工参数

【任务目标】

　　1.了解火电厂主要热工参数的类型。
　　2.能对所提供的热工参数表中的参数进行分类。

【任务描述】

　　对热工参数表(表1.1)中所列的参数进行分类和整理。

【相关知识】

某火电厂部分热工参数表,见表1.1。

表 1.1　某火电厂部分热工参数表

序号	IO 点号	类型	中文名称	信号类型	功能	量　程	单位	报警值	
								级别	设定值
1	LT01001	LT	汽包水位1	AI	MCS	−250 ~ +250	mm	I	HHH,HH,H LLL,LL,L
2	PT01001	PT	汽包压力1	AI	MCS	0 ~ 25	MPa	I	HHH,HH,H LLL,LL,L
3	PT76202	PT	炉膛负压3	AI	MCS	−2.5 ~ +2.5	kPa	I	HHH,HH,H LLL,LL,L
4	PT03002	PT	过热蒸汽压力	AI	MCS	0 ~ 25	MPa	I	HH,H
5	PT07001	PT	再热器出口蒸汽压力2	AI	BPC	0 ~ 4	MPa	II	HH,H
6	PT75105	PT	一次风母管压力	AI	MCS	0 ~ 12	kPa	II	LL,L
7	PT04001	PT	主蒸汽压力	AI	MCS	0 ~ 25	MPa	I	HH,H
8	AT78101	AT	空预器A入口烟气含氧量	AI	MCS	0 ~ 10	%	II	H,L
9	FT01005	FT	省煤器入口给水流量	AI	CCS	0 ~ 1 200	t/h	0	0
10	TE75501	TC	磨煤机C一次风温	TC	MCS	0 ~ 400	℃	0	0
11	TE25402A	TC	D磨煤机驱动端分离器出口联箱温度	TC	MCS	−50 ~ +250	℃	0	0
12	TE01007	TC	省煤器出口给水温度(A 侧)	TC	CCS	0 ~ 450	℃	0	0
13	TE01008	TC	省煤器出口给水温度(B 侧)	TC	CCS	0 ~ 450	℃	0	0

续表

序号	IO 点号	类型	中文名称	信号类型	功能	量　程	单位	报警值	
								级别	设定值
14	TE71103	RT	空预器 A 入口二次风温	RTD	MCS	0~65	℃	Ⅲ	L
15	TE71203	RT	空预器 B 入口二次风温	RTD	MCS	0~300	℃	0	0
16	TE71104	TC	空预器 A 出口二次风温	TC	MCS	0~400	℃	0	0
17	TE71204	TC	空预器 B 出口二次风温	TC	MCS	0~300	℃	0	0
18	TE78104	TC	空预器 A 出口烟气温度	TC	MCS	0~150	℃	0	0
19	TE78204	TC	空预器 B 入口烟气温度	TC	MCS	0~150	℃	0	0
20	TE78203	TC	空预器 B 出口烟气温度	TC	MCS	0~150	℃	0	0
21	TE02206	TC	B 侧一级减温器后蒸汽温度 1	TC	MCS	0~600	℃	0	0
22	TE02212	TC	B 侧二级减温器前蒸汽温度 1	TC	MCS	0~600	℃	0	0
23	TE03001	TC	过热蒸汽温度 1	TC	MCS	0~600	℃	Ⅰ	H,L
24	TE24001	RT	燃油供油温度	RTD	MCS	0~80	℃	0	0
25	TE06002	TC	再热器入口蒸汽温度	TC	MCS	0~350	℃	0	0
26	TE07001	TC	再热器出口蒸汽温度 1	TC	MCS	0~600	℃	Ⅱ	H,L
27	TE07002	TC	再热器出口蒸汽温度 2	TC	MCS	0~600	℃	Ⅱ	H,L

【任务实施】

热工参数分类如下：

①对热工参数表中的参数进行分类。

②根据所测参数范围,通过查找相关资料,选取测量仪表的型号并填写表 1.2(可另附表格)。

表 1.2　热工参数分类表

任务名称		认识火电厂热工参数		
班级		姓名		学号
序号	参数类别	参数名称	参数范围	测量仪表型号
1				
2				
3				

【任务扩展】

请以不少于两类参数为例,说明热工测量的结果在电厂运行状况监视、运行调节及异常工况下保护等方面的具体作用填写表 1.3,并以此理解热工测量的意义。

表 1.3　热工参数作用表

参数名称	作用(功能)

【任务评价】

认识火电厂热工参数任务评价表

任务名称	认识火电厂热工参数					
姓名			学号			
序号	评分项目	评分内容及要求	评分标准	扣分	得分	备注
1	准备工作（10分）	能根据任务要求，预先准备好任务资料	准备不充分，酌情扣 3~10 分			
2	参数分类（50分）	参数分类正确	分类不正确，每项扣 10 分			
3	仪表型号确定（30分）	选取的仪表型号与参数范围相符	仪表型号与参数范围不相符，每项扣 10 分			
4	综合素质（10分）	1.着装整齐，精神饱满 2.积极主动 3.独立完成相关工作 4.完成任务提交的资料规范				
5	总分（100分）					
试验开始时间　　时　　分 结束时间　　时　　分				实际时间　　时　　分		
教师						

情境 2   温度测量及应用

【情境描述】

本情境主要培养学生了解温度测量方法和相关测量仪表,掌握热电偶、热电阻测温原理、温度测量回路的组成,掌握温度测量仪表的校验方法和步骤,能按技术规范和工艺要求校验热电偶和热电阻,并对校验结果进行误差计算和分析。

【情境目标】

1. 能组建温度测量回路。
2. 能对测温元件进行校验。
3. 能对测量中产生的误差进行分析。
4. 能说出电厂中所测参数的功能与作用。

任务 2.1   组建热电偶测温回路

【任务目标】

1. 掌握热电偶测温回路的设备组成和原理。
2. 了解影响热电偶测温回路测量准确度的主要原因。
3. 掌握热电偶冷端温度补偿的方法。
4. 能按规范完成热电偶成套测温回路的接线。
5. 能分析热电偶测温误差产生的原因。

【任务描述】

1. 将热电偶、补偿导线、冷端温度补偿器、电阻箱、动圈表等连接成测温回路,使动圈表能正确指示被测温度。

2. 利用电子电位差计测量出热电偶的输出电热转换成温度并与动圈表的读数进行比较。

3. 对改变电阻箱的阻值、补偿电桥电源电压时读数的变化情况进行分析。

由 6~7 名学生组成实验小组,各实验小组自行选出组长,并明确各小组成员的角色(设备核对、接线、数据记录等)。

【任务准备】

任务名称	组建热电偶测温回路		学时	8	成绩	
姓名		学号		班级	日期	
课前预习相关知识部分,独立回答下列问题。						

【相关知识】

2.1.1　理论知识

(1)温度测量的基本知识

1)温度

温度是表示物体冷热程度的物理量,是物体分子运动平均动能大小的标志,它反映了物体内部分子热运动的剧烈程度。温度的高低是生产过程运行状态的重要标志,故温度成为热力生产中最普遍、最重要的测量参数之一。

2)温标

温标是衡量物体温度高低的标尺,它规定了用数值表示温度的一套规则,确定了温度的单位,是人为的规定。温度有华氏温标、热力学温标(绝对温标)和摄氏温标。

国际实用温标是用来复现热力学温标的,自 1927 年建立以来,作过多次修改,最近一次修改是国际计量委员会根据 1987 年第 18 届国际计量大会第 7 号决议的要求,于 1989 年会议通过的 1990 国际温标(ITS-90)。1990 国际温标自 1990 年 1 月 1 日起使用。

1990 国际温标的内容如下:

①ITS-90 的基本物理量为热力学温度,符号为 T,单位为 K(开尔文)。它规定水的三相点热力学温度为 273.16 K,1 K 等于水的三相点热力学温度的 1/273.16。温度也可用摄氏温度表示,符号为 t,单位为℃(摄氏度)。其定义为:$t = T - 273$ K。

②ITS-90 所包含的温度范围自 0.65 K 至单色辐射温度计可测量的最高温度。它定义了 17 个固定点和温度点,包括 14 种纯物质的三相点、熔点和凝固点以及 3 个用蒸气温度计或气体温度计测定的温度点。

③ITS-90 将温区划分为 4 段,规定了每段温度范围内复现热力学温标的基准仪器。

④规定了基准仪器的示值与国际温标温度之间的插补公式。

(2)**各种测温方法**

各种测温方法是基于物体的某些物理化学性质与温度有一定的关系而产生的。例如,物体的几何尺寸、颜色、电导率、热电势和辐射强度等。当温度不同时,以上这些参数中的一个或几个随之变化,测出这些参数的变化后,就可间接地知道被测物体的温度。

温度测量方法大体可分为接触测量和非接触测量。

接触测量是指敏感元件与被测对象直接接触,输出与温度变化相适应的信号。

优点:测量准确性高。

缺点:换热过程需要一定的时间,动态特性差;破坏对象的温度场,影响测温的准确性;测温上限受敏感部件耐热性的影响;测温元件易受环境影响和腐蚀。

非接触测量是指敏感元件不与被测对象接触。

优点:不需要换热过程,动态特性好,可测移动物体的温度;不破坏对象的温度场;理论上测温上限不受限制;测温元件不受环境影响和腐蚀。

缺点:由于中间物质的影响,测量准确性一般较差。

非接触测温仪表又可分为光学温度计、辐射温度计和比色温度计。

膨胀式温度计是利用物体受热膨胀的原理制成的温度计,主要有液体膨胀式温度计、固体膨胀式温度计和压力式温度计 3 种。

1)**液体膨胀式温度计**

最常见的是玻璃管液体温度计,如图 2.1 所示。它主要由膨胀室、毛细管和刻度标尺组成。根据所充填的液体介质不同能够测量 -200 ~ 750 ℃的温度。

膨胀室
刻度标尺
毛细管
膨胀室

图 2.1　玻璃管液体温度计

①测温原理。

玻璃管液体温度计是利用液体体积随温度升高而膨胀的原理制作而成的。

由于液体膨胀系数 α 远比玻璃膨胀系数 α' 大,因此,当温度变化时,就会引起工作液体在玻璃管内体积的变化,从而表现出液柱高度的变化。通过玻璃管上的刻度即可读出被测介质的温度值。为了防止温度过高时液体胀裂玻璃管,在毛细管顶部须留一膨胀室。

温度变化所引起的工作液体体积的变化为:

$$V_{T_1} = V_{T_0}(\alpha - \alpha')t_1$$
$$V_{T_2} = V_{T_0}(\alpha - \alpha')t_2$$
$$\Delta V = V_{T_1} - V_{T_2} = V_{T_0}(\alpha - \alpha')(t_1 - t_2)$$

式中　$V_{T_0}, V_{T_1}, V_{T_2}$——工作液体在 0 ℃、$t_1$、$t_2$ 时的体积;

　　　α, α'——工作液体和玻璃的体膨胀系数。

可见工作液体和玻璃的体膨胀系数差越大,温度计的灵敏度就越高,测温精度也越高。常用工作液体种类及测温范围见表 2.1。

表 2.1　常用工作液体种类及测温范围

工作液体种类	测量范围/℃	备　注
水银	356.7 或更高	
甲苯	− 90 ~ 100	
乙醇	− 100 ~ 75	上限用加压方法获得
石油醚	− 130 ~ 25	
戊烷	− 200 ~ 20	

②玻璃管液体温度计的主要特点。

玻璃管液体温度计的优点是:直观测量准确、结构简单、造价低廉。因此,被广泛应用在工业、实验室和医院等各个领域及日常生活中。但其缺点是:不能自动记录、不能远传、易碎、测温有一定迟延。

玻璃管液体温度计所用的玻璃材料对温度计的质量起着重要作用。对 300 ℃ 以上的玻璃管液体温度计要用特殊的玻璃(硅硼玻璃),500 ℃ 以上的则要用石英玻璃。

③玻璃管液体温度计的分类。

a. 标准温度计:用于精密测量和校准其他温度计,其准确度高,分度值一般为 0.1 ~ 0.2 ℃。基本误差在 0.2 ~ 0.8 ℃ 范围内。

b. 实验室用温度计:用于实验室的测温。

c. 工业用温度计:用于工业测温,其准确度较低,允许误差为 1 ~ 10 ℃。

d. 电接点温度计:作温度控制用。

长期使用的温度计要定期校验并校正其零位,对零位漂移要作修正,不合格的不能使用,校验方法可按有关校验规程进行。

2）固体膨胀式温度计

固体膨胀式温度计是利用两种线膨胀系数不同的材料制成的,有杆式和双金属片式两种。固体膨胀式温度计除了用金属材料外,有时为了增大膨胀系数差,还选用了非金属材料,如石英、陶瓷等。

这类温度计常用作自动控制装置中的温度测量元件,结构简单、可靠,但精度不高。

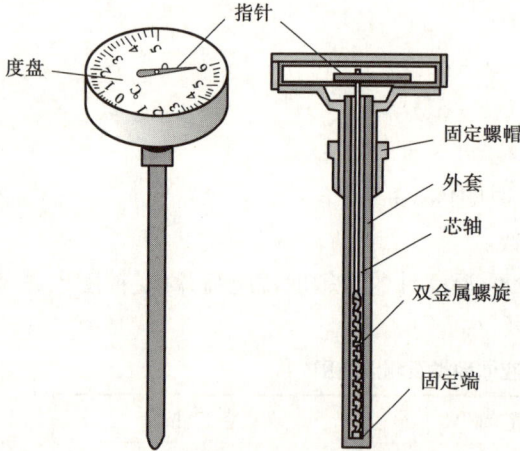

图 2.2　双金属温度计

双金属温度计是利用两种不同金属在温度改变时膨胀程度不同的原理工作的,如图 2.2 所示。工业用双金属温度计的主要元件是一个用两种或多种金属片叠压在一起组成的多层金属片。为提高测温灵敏度,通常将金属片制成螺旋卷形状。当多层金属片的温度改变时,各层金属膨胀或收缩量不等,使得螺旋卷卷起或松开。由于螺旋卷的一端固定而另一端和一根可以自由转动的指针相连,因此,当双金属片感受到温度变化时,指针即可在一圆形分度标尺上指示出温度来。这种仪表的测温范围是 200 ~ 650 ℃,允许误差均为标尺量程的 1% 左右。这种温度计和棒状玻璃液体温度计的用途相似,可使用在机械强度要求更高的条件下。

3）压力式温度计

压力式温度计是利用密闭容积内工作介质随温度升高而压力升高的性质,通过对工作介质的压力测量来判断温度值的一种机械式仪表。

压力式温度计的工作介质可以是气体、液体或蒸汽,其结构如图 2.3 所示。仪表中包括温包、双金属片、毛细管、基座和具有扁圆或椭圆截面的弹簧管。弹簧管一端焊在基座上,内腔与毛细管相通,另一端封死为自由端。自由端通过拉杆、齿轮传动机构与指针相连。指针偏转在刻度盘上指示出被测温度。

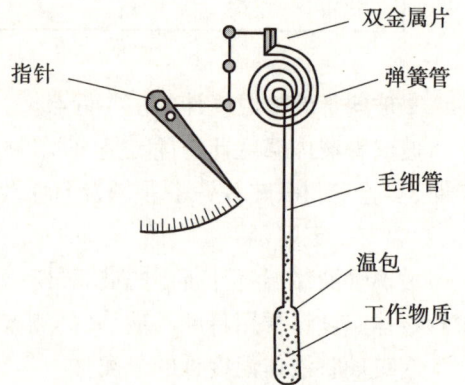

图 2.3　压力式温度计

压力式温度计由于受毛细管长度的限制,一般工作距离最大不超过 60 m,被测温度一般为 - 50 ~ 550 ℃。它简单可靠、抗振性能好,具有良好的防爆性。但这种仪表动态性能差,示值的滞后较大,也不能测量迅速变化的温度。

（3）热电偶

1）热电现象和关于热电偶的基本定律

热电偶温度计由热电偶、电测仪表和连接导线组成。它被广泛用于测量 - 200 ~ 1 300

℃的温度。在特殊情况下,可测至2 800 ℃的高温或4 K的低温。热电偶能把温度信号转变为电信号,便于信号的远传和多点切换测量,具有结构简单、制作方便、准确度高、热惯性小等优点。

①热电偶测温原理。

由两种不同的导体或半导体 A 或 B 组成的闭合回路,如果使两个接点处于不同的温度 t_0 和 t,则回路中就有电动势出现,称为热电势,这一现象称为热电效应。热电势是温度 t_0 和 t 的函数,恒定接点温度为 t_0,则热电势是温度 t 的单值函数,只要测出热电势的大小,便可得到被测温度 t。

热电势由温差电势与接触电势组成,如图2.4所示。

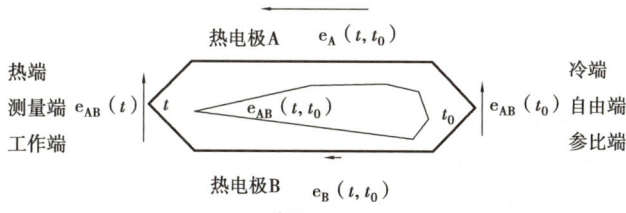

图 2.4　热电偶回路的总电势

温差电势是指一根导体上因两端温度不同而产生的热电动势。同一导体两端温度不同时,高温端(测量端、工作端、热端)电子的运动速度大于低温端电子(参比端、自由端、冷端)的运动速度,单位时间内高温端失电子带正电,低温端得电子带负电,高、低温端之间形成一个从高温端指向低温端的静电场。该电场阻止高温端电子向低温端运动;加大低温端电子向高温端的运动速度,当运动达到动态平衡时,导体两端产生相应的电位差,该电位差称为温差电势。温差电势的方向由低温端指向高温端。

温差电势的大小为

$$e(t,t_0) = \frac{k}{e}\int_{t_0}^{t}\frac{1}{N_t}\frac{\mathrm{d}(N_t t)}{\mathrm{d}t}\mathrm{d}t$$

式中　k——波尔兹曼常数;

　　　e——电子电量 N_t 为导体内的电子密度,是温度的函数;

　　　t,t_0——导体两端的温度。

可见温差电势的大小与导体的性质和导体两端的温度有关,而与导体长度、截面大小以及沿导体长度方向的温度分布无关。

接触电势是在两种不同材料 A 和 B 的接触点上产生的。A,B 材料有不同的电子密度,设导体 A 的电子密度 n_A 大于导体 B 的电子密度 n_B,则从 A 扩散到 B 的电子数要比从 B 扩散到 A 的电子数多,A 因失电子而带正电荷,B 因得电子而带负电荷,于是在 A 和 B 的接触面上便形成了一个从 A 到 B 的静电场。这个静电场将阻碍电子的扩散运动,诱发电子的漂移运动,当扩散与漂移达到动态平衡时,在 A,B 接触面上便形成了电位差,即接触电势。接触电势的方向由电子密度小的导体指向电子密度大的导体。

接触电势的大小为

$$e_{AB}(t) = \frac{kt}{e}\ln\frac{n_{At}}{n_{Bt}} \text{ 或 } e_{AB}(t_0) = \frac{kt_0}{e}\ln\frac{n_{At_0}}{n_{Bt_0}}$$

式中　　k——波尔兹曼常数；

　　　　e——电子电量。

温度越高接触电势越大,两种导体的电子密度比值越大,接触电势也越大。可见,接触电势与两导体的性质和接触点的温度有关,而与导体长度、截面大小、沿导体长度方向的温度分布无关。

热电偶回路的总电势为

$$E_{AB}(t,t_0) = e_{AB}(t) - e_A(t,t_0) - e_{AB}(t_0) + e_B(t,t_0)$$
$$= f_{AB}(t) - f_{AB}(t_0)$$
$$= f_{AB}(t) + C$$

热电势是高温端温度及低温端温度的函数,若恒定低温端温度,则热电势是高温端温度的单值函数。通过测量热电势的大小可以得到被测(高温端)温度的数值。

②热电偶回路的基本定律。

A.均质导体定律。

由一种均质导体或半导体组成的闭合回路,不论导体的长度、截面积如何以及沿长度方向的温度分布如何,回路中都不可能产生热电势。

证明:已知 $E_{AB}(t,t_0) = e_{AB}(t) - e_A(t,t_0) - e_{AB}(t_0) + e_B(t,t_0)$。

因为是均质导体,电子密度相同,所以 $e_{AB}(t_0) = e_{AB}(t) = 0$。

又因为 $-e_A(t,t_0) = e_B(t,t_0)$,所以回路总电势等于0。

结论:热电偶必须由两种不同性质的材料构成;由一种材料组成的闭合回路存在温差时,若回路中有热电势产生,则说明该材料是不均质的。均质导体可用于电极材料的均匀性检测。

B.中间导体定律。

在热电偶回路中接入第三种、第四种等均质导体,只要保证各导体的两接入点的温度相同,则这些导体的接入不会影响回路中的热电势。

证明:以在热电偶回路中接入第三种均质导体 C 为例。保证两接入点的温度都为 t_0,回路电势为

$$E_{ABC}(t,t_0) = e_{AB}(t) + e_B(t,t_0) + e_{BC}(t_0) + e_C(t,t_0) + e_{CA}(t_0) - e_A(t,t_0)$$

其中,

$$e_C(t,t_0) + e_{BC}(t_0) + e_{CA}(t_0) = 0 + \frac{kt_0}{e}\ln\frac{n_{Bt_0}}{n_{Ct_0}} + \frac{kt_0}{e}\ln\frac{n_{Ct_0}}{n_{At_0}} = e_{BA}(t_0) = -e_{AB}(t_0)$$

故

$$E_{ABC}(t,t_0) = e_{AB}(t) + e_B(t,t_0) - e_A(t,t_0) - e_{AB}(t_0) = E_{AB}(t,t_0)$$

即导体 C 的加入不影响回路中的热电势。

结论:可以在热电偶回路中接入连接导线和测量仪表;可以方便热电偶电极的选配;可

以进行表面温度和液体介质温度的开路测量。

C. 中间温度定律。

接点温度为 t_1 和 t_3 的热电偶,它的热电势等于接点温度分别为 t_1, t_2 和 t_2, t_3 的两只同性质热电偶的热电势的代数和,即热电偶的热电势只与高温端和低温端的接点温度有关,而与中间温度无关。

$$E_{AB}(t, t_0) = E_{AB}(t, t_n) + E_{AB}(t_n, t_0)$$

结论:可以对热电偶的冷端温度进行计算修正;允许在热电偶回路中接入补偿导线。

2)标准化与非标准化热电偶

①热电极材料及其性质。

热电极材料应满足下述要求:热电势及热电势率(灵敏度)大,热电势与温度间呈线性关系;电导率高,电阻温度系数小;物理、化学性能稳定(长期使用时,可保证热电特性稳定);复制性好(可批量生产),便于互换;机械加工性好,便于安装;价格便宜。

②标准化热电偶。

标准化热电偶是制造工艺较成熟、应用广泛、能批量生产、性能优良且稳定并已列入专业或国家工业标准化文件中的热电偶。标准化文件对同一型号的标准化热电偶规定了统一的热电极材料及其化学成分、热电性质和允许偏差,也就是说,标准化热电偶具有统一的分度表。分度表是以表格的形式反映电势温度之间的关系,需要注意的是:该电势温度关系是在冷端温度为 0 ℃时得出的,使用时应特别注意。同一型号的标准化热电偶具有互换性,使用十分方便。

目前,国际上已有 8 种标准化热电偶,这些热电偶的型号(有时也称分度号)、电极材料、可测的温度范围及使用特点见表 2.2。

注意:电极材料的前者为正极,后者为负极,紧跟的数字为该材料的百分含量。温度测量范围是热电偶在良好的使用环境下测温的极限值,实际使用时,特别是长时间使用,一般允许的测温上限是极限值的 60% ~ 80%。

表 2.2　标准化热电偶

分度号	电极材料	可测的测温范围/℃	使用特点
S	铂铑 10-铂	−50 ~ 1 768	金属易提纯,复制准确度和测温准确度较高,物化性能稳定,1 300 ℃以下的氧化或中性介质长期使用。价格昂贵,热电势小,热电特性非线性较大,不能在还原气氛及含有金属或非金属蒸汽的气氛中使用。300 ℃以上为最准确的热电偶
R	铂铑 13-铂	−50 ~ 1 768	基本性能和使用条件与 S 分度号热电偶相同,只是热电势略大,欧美国家使用较多
B	铂铑 30 ~ 铂铑 6	0 ~ 1 820	可在 1 600 ℃以下的氧化、中性环境中长期使用,不能在还原气氛及含有金属或非金属蒸汽的气氛中使用。热电势及热电势率较 S 分度号热电偶小,冷端温度低于 50 ℃时,不必进行冷端温度补偿

续表

分度号	电极材料	可测的测温范围/℃	使用特点
K	镍铬-镍硅	-270~1 372	贱金属热电偶,直径3.2 mm的热电偶可在1 200 ℃的高温下长期使用。在500 ℃以下的还原性、中性和氧化性气氛中可靠工作。500 ℃以上,只能在还原性、中性的气氛中工作。热电势率比S分度号热电偶大4~5倍,且温度电势关系接近线性
N	镍铬硅-镍硅	-270~1 300	N型热电偶具有线性度好,热电动势较大,灵敏度较高,稳定性和均匀性较好,抗氧化性能强,价格便宜,不受短程有序化影响等优点。N型热电偶不能直接在高温下用于硫、还原性或还原、氧化交替的气氛中和真空中,也不推荐用于弱氧化气氛中
E	镍铬-铜镍合金(康铜)	-270~1 000	金属热电偶,直径为3.2 mm的热电偶可在750 ℃的高温下长期使用,也适合于低温(0 ℃以下)、潮湿环境测温,是热电势率最高的标准化热电偶
J	铁-铜镍合金(康铜)	-210~1 200	适合于氧化、还原性气氛,也可在真空、中性气氛中使用,不能在538 ℃以上的含硫气氛中使用。稳定性好、灵敏度高、价格低廉。正极铁易锈蚀
T	铜-铜镍合金(康铜)	-270~400	适合在氧化、还原、真空、中性气氛中使用,具有潮湿气氛抗腐蚀性,特别适合在0 ℃以下的测温。其主要特点:稳定性好、低温灵敏度高、价格低廉,100~200 ℃测温准确度最高

③非标准化热电偶。

非标准化热电偶无论在使用范围或数量上均不及标准化热电偶。但在某些特殊场合,例如,高温、低温、超低温、高真空和有核辐射的被测对象中,这些热电偶具有某些特别良好的性能。非标准化热电偶没有统一的分度表。非标准化热电偶有钨铼系热电偶(钨的熔点为3 387 ℃,铼的熔点为3 180 ℃,用于测量高达2 760 ℃的温度);铱铑系热电偶能在弱还原性介质中测量2 000 ℃高温,适用于航天技术;双铂钼热电偶有较低的中子俘获面积,专用于核反应堆测温;非金属热电偶如碳化物、硼化物、氮化物,使得不用贵金属也能在氧化性气氛中测高温。由于非金属热电偶复制性差、机械强度差,在使用中受到较多限制。

3)热电偶的构造

①普通工业用热电偶。

普通工业用热电偶通常由热电极、绝缘管、保护套管和接线盒构成,如图2.5所示。

热电极的直径大小由材料的价格、机械强度、电导率、热电偶的用途及测温范围决定。贵金属电极的直径为0.3~0.65 mm,普通金属电极的直径为0.3~3.2 mm。热电极的长度有多种规格,主要由安装条件和插入深度来决定,一般为300~2 000 mm。热电偶热端采用焊接方式连接,接头形状有点焊、对焊和绞接点焊 3 种。焊点的直径应不超过热电极直径的两倍。

绝缘套管是为了防止热电极间的电势短路,在热电极上套装绝缘管。绝缘管有单孔、双孔、四孔等多种形式。绝缘管材料的选择根据材料允许的工作温度进行,低温下可用橡胶、塑料、聚乙烯等材料;高温下用普通陶瓷(1 000 ℃以下)、高纯氧化铝(1 300 ℃以下)、刚玉(1 600 ℃以下)等。

保护套管为了防止热电极遭受机械损伤和化学腐蚀,通常将热电极和绝缘管装入不透气的保护套管内。套管的材料和形式由被测介质的特性、安装方式和时间常数等决定。常见材料有黄铜、20 号钢、不锈钢、高温耐热钢、纯氧化铝、刚玉、金属陶瓷等,测量更高温度时还可使用氧化铍和氧化钍,可达 2 200 ℃。安装时可采用螺纹连接和法兰连接两种形式。

普通工业用热电偶测温时间常数随保护套管的材料及直径而变化(一般为 10 ~ 240 s),当采用金属保护套管,外径为 12 mm 时,时间常数为 45 s;外径为 16 mm 时,时间常数为 90 s,而耐高压的金属热电偶的时间常数为 2.5 min。

图 2.5　普通工业用热电偶结构
1—接线盒;2—保护套管;
3—绝缘套管;4—热电极

接线盒内有接线柱作为热电极和补偿导线或导线的连接装置。根据用途的不同,有普通式、防溅式、防水式、隔爆式和插座式等结构形式。

②铠装热电偶。

铠装热电偶是由热电极、绝缘材料和金属套管三者经拉伸加工而成的坚实组合体。它可以做得很细、很长,在使用中可以根据需要进行弯曲。套管材料有铜、不锈钢和镍基高温合金等。套管与热电极之间填满了绝缘粉末,常用的绝缘材料有氧化镁、氧化铝等。套管中的热电极有单芯、双芯和四芯的,彼此之间互相绝缘。目前生产的铠装热电偶,其壁厚为 0.12 ~ 0.6 mm,热电极直径为 0.025 ~ 1.3 mm,外径一般为 1 ~ 6 mm,长度为 1 ~ 20 m,外径最细的有 0.2 mm,长度最长的超过 100 m。铠装热电偶的测量端有露端形(0.01 ~ 0.1 s)、接壳形(0.01 ~ 2.5 s)、绝缘形(0.2 ~ 8.0 s)、扁变截面形和圆变截面形等。

铠装热电偶的主要特点是测量端热容量小,动态响应快(时间常数小于 10 s),机械强度高,挠性好,耐高压、强烈震动和冲击,可安装在结构复杂的装置上。

③快速反应的薄膜热电偶。

薄膜热电偶是用真空蒸镀的方法使两种热电极材料蒸镀到绝缘基板上,使二者牢固地结合在一起,形成薄膜状测量端,上面再蒸镀一层二氧化硅薄膜作为绝缘和保护层。

薄膜热电偶的特点:测量端是非常薄的薄膜(可薄到 0.01 ~ 0.1 μm),尺寸也很小,故测量端的热容量小,时间常数非常小(可达几毫秒),用于测量变化快的温度。由于黏结剂的耐热限制,只能用在 -200 ~ 300 ℃。若将电极材料直接蒸镀到被测对象表面,时间常数可达

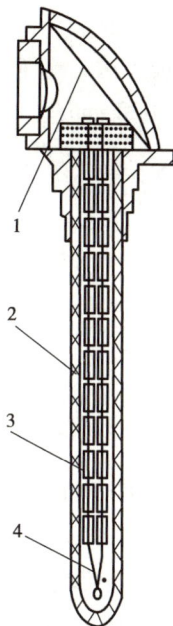

微秒级。

热电极有镍铬-镍硅、铜-康铜、铁-镍等。如图 2.6 所示为铁-镍薄膜热电偶示意图,其尺寸为 60,6,0.2 mm,金属薄膜厚度为 3~6 μm,时间常数小于 0.01 s,测温范围为 0~300 ℃。

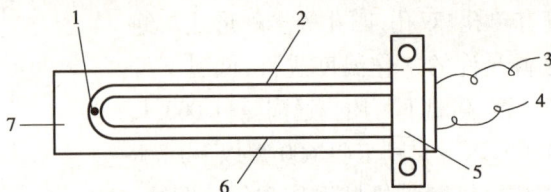

图 2.6 铁-镍薄膜热电偶示意图

1—测量接点;2—铁膜;3—铁丝;4—镍丝;

5—接头夹具;6—镍膜;7—衬架

4)热电偶冷端温度补偿

由热电偶的测温原理可知,热电势是热端温度与冷端温度的函数,在冷端温度恒定的条件下,热电势是热端温度的函数。在实际应用时,热电偶冷端放置在距热端很近的大气中,受高温设备和环境温度波动的影响较大,因此冷端温度不恒定。要想消除冷端温度波动对测温的影响,必须进行冷端温度补偿。常用的冷端温度补偿方法有计算修正法、冷端恒温法、显示仪表机械零点调整法、补偿电桥(冷端温度补偿器)法、补偿导线法、辅助热电偶法、PN 结补偿法等。

①计算修正法。

热电偶的分度关系是在冷端温度为 0 ℃的情况下得到的,若热电偶的冷端温度为 t_0,而不是 0 ℃时,则不能用测量热电偶的热电势去查分度表,必须进行热电势修正,而后,查分度表得出被测的热端温度,修正电势为 $E_{AB}(t_0,0)$,即

$$E_{AB}(t,0) = e_{AB}(t,t_0) + e_{AB}(t_0,0)$$

总电势 = 测量热电偶输出电势 + 修正电势

适用场合:实验室测温和现场使用的直读仪表测温。前提条件是冷端温度可测且基本恒定。缺点是不便于连续测温。

②冷端恒温法。

将热电偶的冷端温度恒定,从而便于补偿和修正。一般选择冰点槽(0 ℃)或工业恒温箱(50 ℃)进行恒温。

冰点槽法是将热电偶的冷端置于冰水混合物中,热电偶输出电势即以 0 ℃为冷端温度的总电势,可直接查表或送显示仪表显示热端温度。

恒温箱法是将热电偶的冷端置于自动恒温箱中。自动恒温箱常以蒸汽或电能作为热源。需要注意的是,该法热电偶送出的电势 $E(t,50)$,不能用于最终温度显示,通常应调整仪表的机械零位进行修正。

③显示仪表机械零点调整法。

当送入显示仪表的电势为 $E(t,t_0)$,而 t_0 已知且恒定时,在断开热电偶的情况下将仪

的机械零点调整至 t_0 温度对应的刻度。这样相当于在显示仪表内部提前施加了电势 $E(t_0,0)$，接入热电偶后，则用于温度显示的总电势为 $E(t,0)$，因为所有显示仪表的刻度均按照分度表进行刻度，所以仪表正确显示被测的热端温度数值。

④补偿电桥(冷端温度补偿器)法。

如果能得到一个随温度而变化的附加电势，并将该电势串联在热电偶回路中，使其抵偿热电偶热电势因冷端温度变化而产生的变化，则可保证显示仪表中的电势不受冷端温度变化的影响，达到自动补偿的目的。常用的冷端温度补偿器基于图 2.7 所示的不平衡电桥原理工作。由图 2.7 可知，热电偶(及补偿导线)输出的热电势与不平衡电桥的不平衡电压相加后送至温度显示仪表。

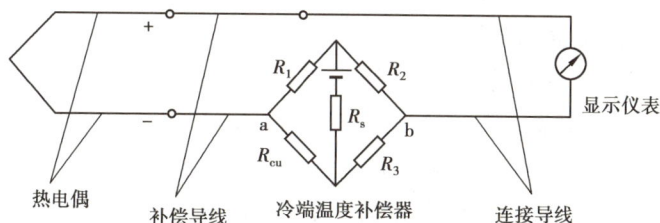

图 2.7　冷端温度补偿器

冷端温度补偿器的结构及工作原理简述如下：图中 R_1,R_2,R_3 是 3 个锰铜丝绕制的 1 Ω 定值电阻；R_s 是限流电阻；R_{cu} 在 20 ℃ 时，阻值为 1 Ω；电桥供电电压为 4 V。当热电偶(补偿导线)的冷端温度为 20 ℃ 时，补偿电桥处于初始平衡状态，不平衡电压 $U_{ab}=0$，热电偶送出电势 $E(t,20)$ 给显示仪表。当热电偶的冷端温度升高而高于 20 ℃ 时，热电势将因冷端温度升高而降低，此时 R_{cu} 的阻值增加，不平衡电桥的输出电压增加，即 $U_{ab}>0$；当热电偶的冷端温度降低而低于 20 ℃ 时，热电势将因冷端温度降低而升高，此时 R_{cu} 的阻值减小，不平衡电桥的输出电压减小，即 $U_{ab}<0$，可见，补偿电桥的不平衡电压的变化方向恰与热电势的变化方向相反，可起到补偿作用。若不平衡电压的增加量恰好等于热电势的减少量，则实现了完全补偿，送显示仪表的电势不受冷端温度变化的影响。由于热电偶的热电特性与电桥的温度——输出特性不完全一致，故冷端温度补偿器并不能在补偿范围内各点处实现完全补偿。一般而言，完全补偿点为初始平衡温度和补偿范围上限温度两点。

另外，不同分度号热电偶的热电特性不同，要求的补偿电压也不同，即补偿器信号不同，通常补偿器的区别仅为限流电阻的阻值不同。

需要注意的是，若补偿电桥的初始平衡温度不是 0 ℃，则送给显示仪表的电势还需要修正，通常采取显示仪表机械零点调整的方法。

⑤补偿导线法。

由中间温度定律可知，当接点温度低于 100 ℃ 时，可用热-电特性相同的一对导线代替测量用热电偶，也就是使用补偿导线。补偿导线虽不能改变冷端温度，但可以迁移热电偶的冷端位置，即将冷端从温度波动剧烈的地点迁移至相对稳定的地点，便于与其他温度补偿方法配合实现温度的正确指示。例如，测量炉膛温度的热电偶的冷端通常在炉膛外部不远的地方,该处温度受高温设备及环境温度变化的影响,波动较剧烈,同时该处的温度一般高于冷端温度补偿器的补偿温度,因此不能采用前述温度补偿方法。使用补偿导线将热电偶的冷端迁移至集控室后的电子间,当该处温度稳定时,可采用显示仪表机械调零等预置电势法;当该处温度不是很稳定时,因为温度处于冷端温度补偿器的补偿范围,所以可使用冷端温度补偿器进行补偿。

(4)显示仪表

按显示形式的不同,显示仪表分为模拟式仪表、数字式仪表和屏幕显示仪表。模拟式仪表通过指针的直线位移或角位移反映被测量数值的大小,显示直观,但存在读数误差。数字式仪表通过内部的 A/D 转换环节实现模拟量到数字量的转换,以数字的形式显示被测量的数值,可避免读数误差,方便与计算机接口,但存在量化误差。通过合理选择 A/D 转换环节的精度可得到令人满意的现实精度。屏幕显示仪表可以以数字、曲线等多种形式在屏幕上显示被测量的数值,还可以显示需要的工艺流程图、控制画面等,是性能最强的显示仪表。

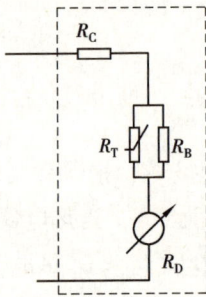

图 2.8 动圈仪表的测量机构

动圈式显示仪表是最典型的模拟式显示仪表,由测量机构和测量线路两部分构成。以测温动圈表为例介绍动圈仪表的测温原理。

根据配接测量元件的不同,动圈仪表可分为与热电偶配接的动圈仪表和与热电阻偶配接的动圈仪表。不同的动圈仪表具有相同的测量机构,其区别在于测量线路的不同。

1)测量机构的动作原理

被测热电势通过连接导线、上下张丝、动圈电阻等构成的闭合回路,形成一定的电流强度,通电动圈在磁场中受到磁场力的作用,产生偏转,带动指针指示被测量的数值。图 2.8 为动圈仪表的测量机构。

2)测量线路

与热电偶配接的动圈表的测量线路,如图 2.9 所示。通过调整 R_L 保证外线路电阻为 15 Ω。$R_T//R_B$ 的温度特性恰好与动圈电阻的温度特性相反,可起到温度补偿的作用。在满偏电流不变的情况下,调整 R_C 的大小可改变测量上限的数值,即扩大量程。

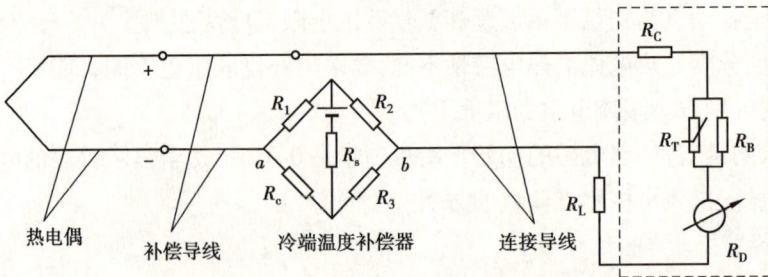

图 2.9 与热电偶配接的动圈表的测量线路

R_C—量程电阻;$R_T//R_B$—温度补偿电阻;R_L—外线路调整电阻;R_D—动圈电阻

2.1.2　实践知识

（1）电位差计

用伏特表测电位差或电动势时，由于伏特表自身的内阻在电路中有分流作用，往往产生较大的测量误差。而用电位差计测电位差或电动势时，却不存在这个问题。箱式电位差计是用来精确测量电池电动势或电位差的专门仪器。它采用电位比较法依据补偿原理进行测量，由于与之配合使用的标准电池电动势非常稳定，用作检测电流的灵敏电流计灵敏度很高，加上箱式电位差计的电压比电路精确度高。因此，它能精确地测量待测的电位差和电池电动势。同时，因箱式电位差计精度很高，常用来校正电压表和电流表。

1）电压补偿原理

电压补偿原理如图 2.10 所示，E_x 为被测未知电动势，E_0 为可以调节的已知电源，G 为检流计。在此回路中，若 $E_0 \neq E_x$，则回路中一定有电流，检流计指针偏转。调整 E_0 值，可使检流计 G 指示零值，这就说明此时回路中两电源的电动势必然是大小相等、方向相反，在数值上，$E_x = E_0$，因而相互补偿（平衡）。这种测电压或电动势的方法称为补偿法。电位差计是应用这种补偿原理设计而成的测量电动势或电位差的仪器。

由上可知，构成电位差计需要有一个特定的可调电源 E_0，而且要求它满足两个条件：一是它的大小便于调节，使 E_0 能够和 E_x 补偿；二是它的电压相对稳定，能读出精确的伏特值。

2）电位差计原理

图 2.10 中 E，R_s，R_p 组成辅助回路，E_x，K，G，R_a 和 E_s，R_s，G，K 各组成一个补偿回路。电位差计应用的补偿原理，是用可调的已知电压 $E_0 = IR_0$ 与被测电动势 E_x 相比较，当检流计指示零时，两者相等从而获得测量结果，如图 2.10（b）所示。由欧姆定律 $U = IR$ 可知，要想得到可调的已知电压 E_0，可先使电流 I 确定为一恒定的已知标准电流 I_0，然后使 I_0 流过电阻 R，如果 R_a 的大小可调并可知（R_a 是 R 在补偿回路 E_x，K，G，R_a 中的部分），则 R_a 两端的电压降 U 即为可调已知，有 $U = I_0 R_a$，将 R_a 两端的电压 U 引出，并与未知电动势 E_x 进行比较，组成补偿回路，则 U 相当于上面所要求的"E_0"。

①校准工作电流。

辅助回路中的电流称为工作电流。为使 R_a 中通过的电流是已知的标准电流 I_0，在图 2.10（b）中，使开关 K 倒向右端 1，调节 R_p 改变辅助回路中的电流，当检流计指示零时，R_s 上的电压降恰与补偿回路中标准电池的电动势 E_s 相等，有 $E_s = I_0 \times R_s$，由于 E_s 和 R_s 都是很准确的，因此这时辅助回路中的工作电流就被精确地校准到所需要的 I_0 值。

②测量未知电动势。

把 K 倒向左端 2，保持 I_0 不变，只要 $E_x \leq I_0 R$，总可以滑动 R_a 使检流计再度指示为零，可得

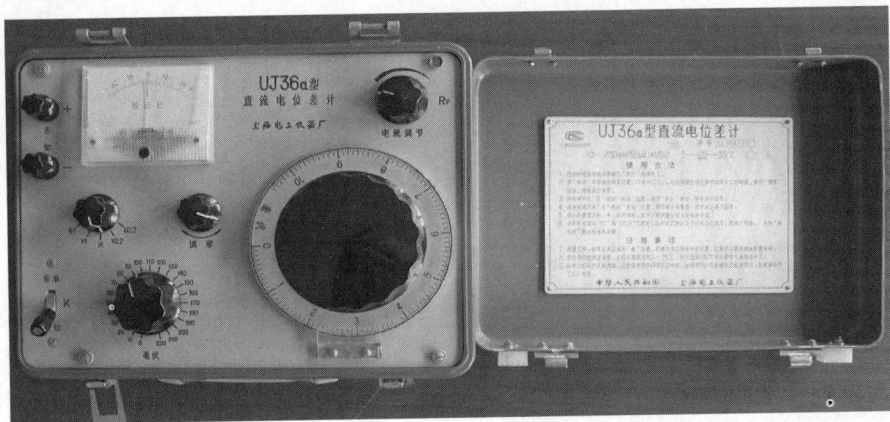

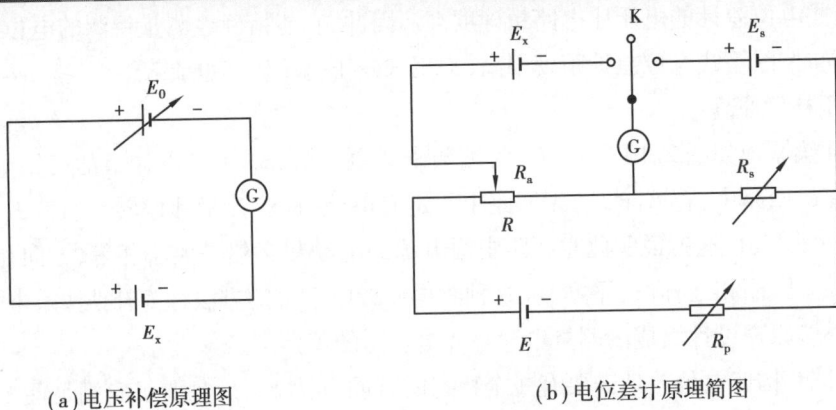

（a）电压补偿原理图　　　　　　　　（b）电位差计原理简图

图2.10　电位差计及其原理图

$$E_x = I_0 R_a = E_s \frac{R_a}{R_s}$$

因为测量时保证 I_0 恒定不变，所以 E_x 与 R_a 一一对应。一般箱式电位差计在制造时，用可调节的标准电动势取代 E_x 给 R_a 定标，在测量未知电动势 E_x 时就可从 R_a 示值上直接读出所测电动势 E_x 值。

3）补偿法具有的优点

①电位差计是一个电阻分压装置，其中被测电压 E_x 和标准电动势 E_s，二者接近可直接加以比较。E_x 的值仅取决于电阻比 R_a/R_s 及标准电动势 E_s，因而可能达到的测量准确度较高。

②上述"校准"和"测量"步骤中电流计两次均指零，表明测量时既不从标准回路内的标准电动势源（通常用标准电池）中吸取电流，也不从测量的回路中吸取电流。因此，不改变被测回路的原有状态及被测电压值等参量，同时可避免测量回路导线电阻、标准电池内阻及被测回路等效内阻等对测量准确度的影响，这是补偿法测量准确度较高的另一原因。

4）电位差计的使用

①测干电池的电动势 E。

a.调整检流计的机械零点：将开关 S 扳向"测量"端，开关 S 应放在中间"断"的位置。

调节检流计 G 上的小机械调零旋钮,使指针指零。

b. 接入待测电动势:将待测电动势接到两个"未知"接线柱上(可在第一步之前进行)。将 A 和 B 两个读数盘的示值预置在待测电动势值附近(A 和 B 两个读数盘的示值和为电位差计内部补偿电势 E_P)。

c. 工作电流标准化:将开关 S 扳向"标准"端。调节工作电流电位器 R_C(也称为多圈电位器,在面板右上角),使检流计指针指零。此时的工作电流为标准化工作电流 I_n。

d. 测未知电动势:将开关 S 扳向"未知"端。调节读数盘 A 和 B,使检流计指针指零。此时 A 盘读数和 B 盘(红线下)读数之和为被测电动势的值。

e. 工作电流检查:当待测电动势值测量后,还应将开关 S 扳向"标准"端,检查检流计指针是否为零。如果不为零,校准工作电流后,应重新测量。

注意:实验结束后,必须将开关 S 置于"断"的位置,否则电位差计内部电池将会继续工作,造成不必要的浪费,甚至会腐蚀仪器。

②测量干电池的内阻。

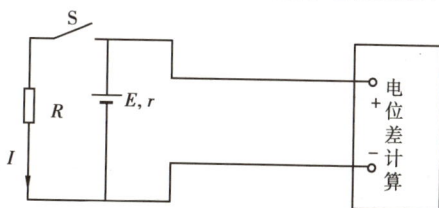

图 2.11　干电池内阻测量线路图

如图 2.11 所示,开关 S 合上。电源内阻为 r,电流为 I,干电池的端电压为 U,则:

$$U = IR = E - Ir$$

$$r = \frac{E - U}{U}R$$

③测量电阻 R_X。

测量电阻时,可按图 2.12 接线。为了减少测量误差,选用标准电阻 R_N 的数值,尽可能地接近被测电阻 R_X 的数值,利用变阻器 R_P 调节被测电路中的电流,使其小于电阻的额定负荷,分别测得标准电阻 R_N 上的电压降 U_N 和被测电阻上的电压降 U_X,按下列公式计算得

$$R_X = \frac{U_X}{U_N}R_N$$

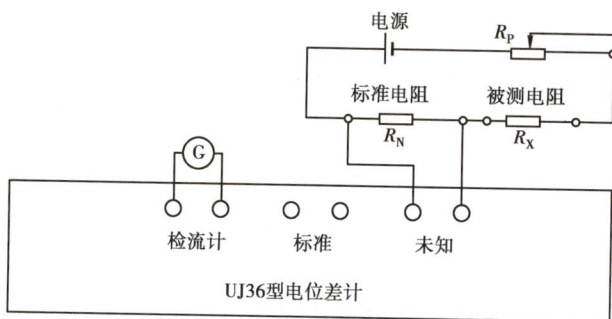

图 2.12　电阻测量线路图

由于电阻测量采用的是两个电压降之比,因此,只要在电位差计工作电流不变的情况下,可以不必用标准电池来校准电位差计的工作电流。

(2)注意事项

①热电偶和补偿导线的极性。

②冷端温度补偿器的电源极性和平衡点温度。

③动圈表的机械零点。

【任务实施】

(1)选择工器具(表2.3)

表2.3 工器具清单

序号	设备名称	单位	型号或规格	数量
1	电炉及炉温控制器	台		1
2	电位差计	个	UJ37	1
3	冷端温度补偿器	个		1
4	热电偶及补偿导线	根	EV-2	3
5	标准电阻箱	个		1
6	动圈表	个	XCZ-101	1
7	导线	根		若干
8	校验单	张		1

(2)温度测量系统接线(图2.13)

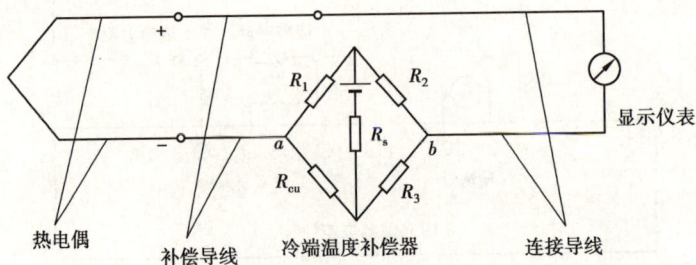

图2.13 热电偶测温回路接线

（3）**误差分析实验操作**

①检查动圈表的机械零点是否在规定的位置上。

②通电加热电炉使其温度恒定在目标温度点。

③用电位差计测量热电偶的电势值,以确定电炉的实际温度,并记下此时 XCZ-101 动圈表所示的温度。

（4）**误差分析实验**（表 2.4）

①改变标准电阻箱的阻值（增大 10 Ω 和减小 10 Ω）,观察并记录示值的变化。

②改变冷端的温度,观察并记录示值的变化。

③断开冷端温度补偿器的工作电源,观察并记录动圈表指示值的变化。

表 2.4　误差分析表

项　目	变化值
增大线路电阻 10 Ω	
减小线路电阻 10 Ω	
冷端温度升高	
冷端温度补偿器断电	

（5）**思考题**

①热电偶为什么可以测量温度?

②影响热电偶输出热电势大小的因素有哪些?

③为什么要对热电偶冷端温度进行补偿? 有哪些补偿方法?

④补偿导线的作用是什么? 在使用中应注意哪些事项?

⑤温度显示仪表有哪几类?

⑥火电厂气水系统中主要温度信号有哪些? 采用的测温元件分别是什么? 所测温度信号的作用是什么?

【任务评价】

组建热电偶测温回路任务评价表

任务名称	组建热电偶测温回路						
姓名			学号				
序号	评分项目	评分内容及要求	评分标准		扣分	得分	备注
1	预备工作（10分）	1.安全着装 2.仪器仪表检查	1.未按照规定着装,每处扣0.5分 2.仪器仪表选择错误,每次扣1分;未检查扣1分 3.其他情况,请酌情扣分				
2	设备连接（50分）	康斯特温度自动检定系统、高温炉、标准热电偶、被校热电偶、冷端温度补偿热电阻、导线的连接	1.连接操作不规范,每项扣2分 2.连接错误,每项扣5分				
3	冷端温度补偿器断电测试(10分)	断开冷端温度补偿器电源	1.数据记录错误,扣10分 2.操作不当,扣5分				
4	试验报告（15分）	完整填写试验报告	1.未填写试验报告,扣10分 2.未对试验结果进行判断,扣5分 3.试验报告填写不全,每处扣1分				
5	整理现场（5分）	恢复到初始状态	1.未整理现场,扣5分 2.现场有遗漏,每处扣1分 3.离开现场前未检查,扣2分 4.其他情况,请酌情扣分				
6	综合素质（10分）	1.着装整齐,精神饱满 2.现场组织有序,工作人员之间配合良好 3.独立完成相关工作 4.执行工作任务时,不大声喊叫 5.不违反电力安全规定及相关规程					
7	总分(100分)						
试验开始时间　　时　　分 结束时间　　时　　分				实际时间 　　时　　分			
教师							

任务 2.2 利用温度自动检定系统校验热电偶

【任务目标】

1. 掌握温度校验系统控温的原理及实现方法。
2. 能正确接线。
3. 能利用 Const4001 温度自动检定系统校验热电偶。
4. 能计算热电偶测温误差并得出校验结果。

【任务描述】

1. 热电偶校验系统接线。
2. 对控温仪进行设置。
3. Const 温度系统设置。
4. 按正确步骤进行热电偶校验操作。

【相关知识】

2.2.1 Const4001 温度自动检定系统

(1) 硬件系统组成

硬件系统组成，见表 2.5。

表 2.5 硬件系统组成

序号	名 称	功 能
1	计算机、打印机	控制其他设备、打印等
2	电测仪表（K2000）	电信号测量（电压、电阻等信号的测量）
3	多路扫描装置	提供通道扫描功能（12 通道）
4	管式检定炉及其温控仪	提供 300 ℃以上的温度场

续表

序号	名　称	功　能
5	恒温油槽及其温控仪	提供 90～300 ℃ 的温度场
6	恒温水槽及其温控仪	提供 105 ℃ 以下的温度场
7	标准 S 热电偶(一等或二等)	标准器(用于管式检定炉的控温及温度测量)
8	标准铂电阻温度计 Pt25/Pt100(二等)	标准器(用于油槽、水槽的温度测量)
9	多路串口卡	扩展计算机串口(可扩展出 4 个串口)
10	测试线、电源线、串口线等	连接各设备组成系统

(2)**软件系统组成**

1)系统启动及检定前准备工作

①软件系统的身份验证。

直接左键双击 CST4001 检定系统图标即可启动本检定系统,系统运行时要进行身份验证,如图 2.14 所示。

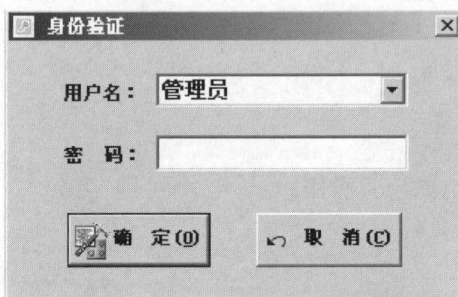

图 2.14　CST4001 登陆界面

a. 软件系统启动后的界面。

系统运行后将出现如图 2.15 所示的主界面。

b. 硬件系统检定前检查。

正确连接硬件组件。具体方法请参阅 CST4001 硬件系统说明书。

c. 软件系统检定前准备。

为使本检定系统正确工作,在安装后第一次运行时应先对控温标准器参数、系统通信参数及检定控制参数进行正确设置。此项设置均可通过单击系统主界面的工具栏"设置"按钮,在弹出的"系统参数设置"界面中进行设置。

控温标准器参数的输入(此操作只针对具有"系统维护"权限的用户才能进行操作)。

选择"系统参数设置"界面上的"其他"标签,单击"标准器设置"按钮,在如图 2.16 所示的界面中进行设置。

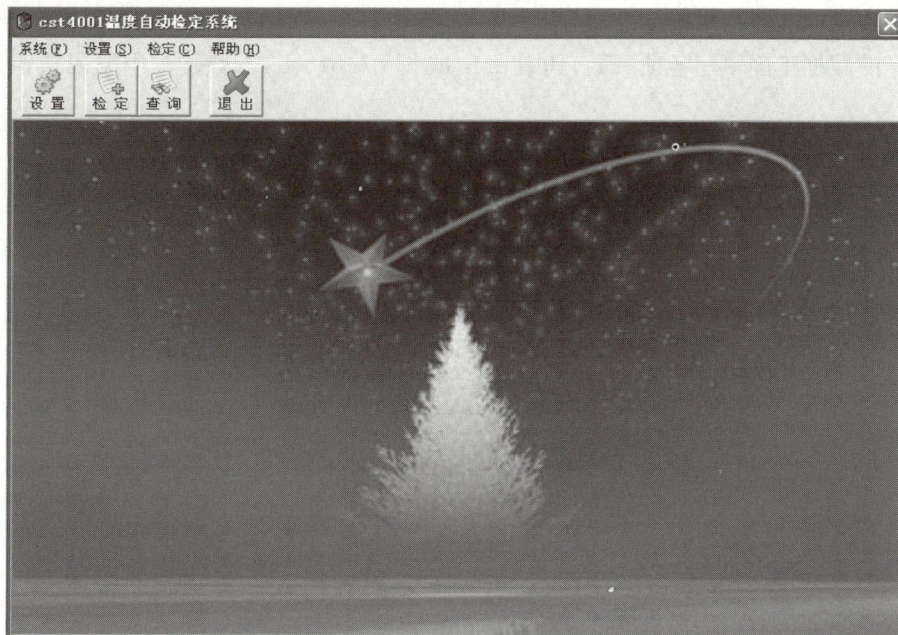

图 2.15　CST4001 检定系统主界面

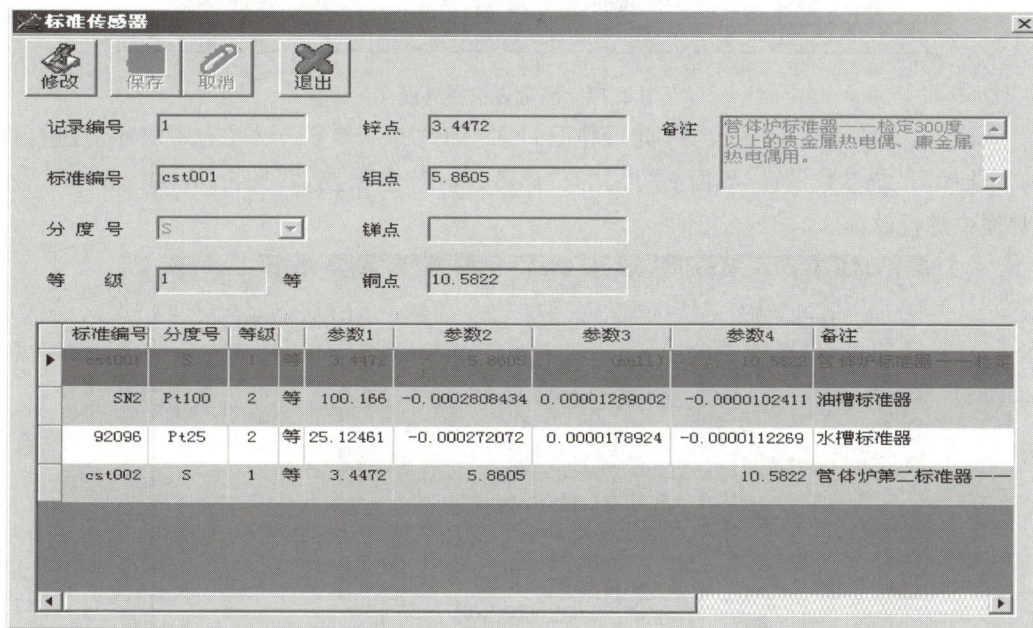

图 2.16　标准器设置

检定用标准器包括管式炉标准器(标准 S 热电偶)、油槽标准器(标准热电阻)、水槽标准器(标准热电阻)。检定过程中系统将根据此界面上的参数进行工作。为保证检定过程、计算结果的正确、有效,请用户正确输入相关参数。

管式炉标准器分度号请选择 S,然后根据标准 S 热电偶的检定证书上的数据正确填写各项参数(如需检定 1 等标准 S 热电偶,请同时正确填写管炉第二标准器参数)。

对于油槽标准器和水槽标准器分度号请选择 Pt 25 或 Pt 100,然后根据标准热电阻的检定证书上的数据正确填写各项参数,其中 a,b,c(即 a7,b7,c8)参数均为中温段检定证书上的参数。

②测量表选择、证书量字和检定单位名称等信息的输入,如图 2.17 所示。

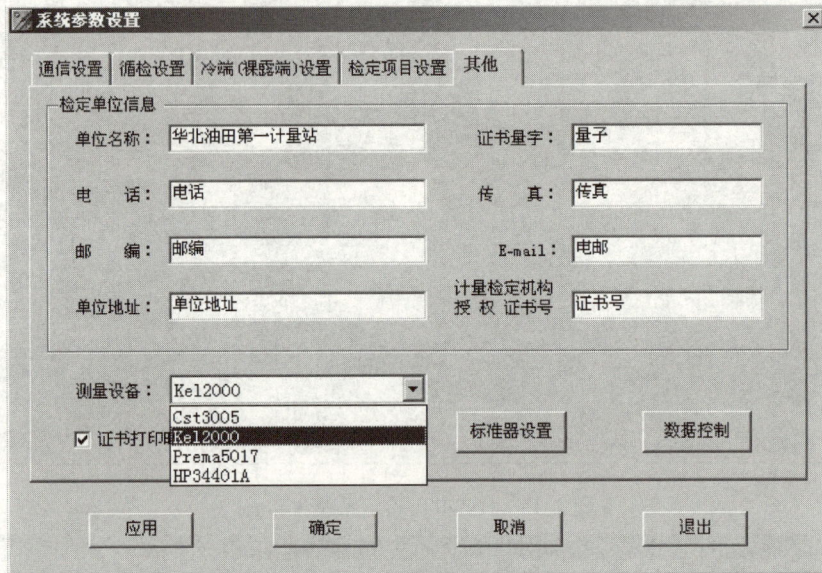

图 2.17　测量表选择界面

③检定数据处理参数的设置(此操作只针对具有"系统维护"权限的用户才能进行操作)。选择"系统参数设置"界面上的"其他"标签,单击"数据控制"按钮,在如图 2.18 所示的界面中进行设置。

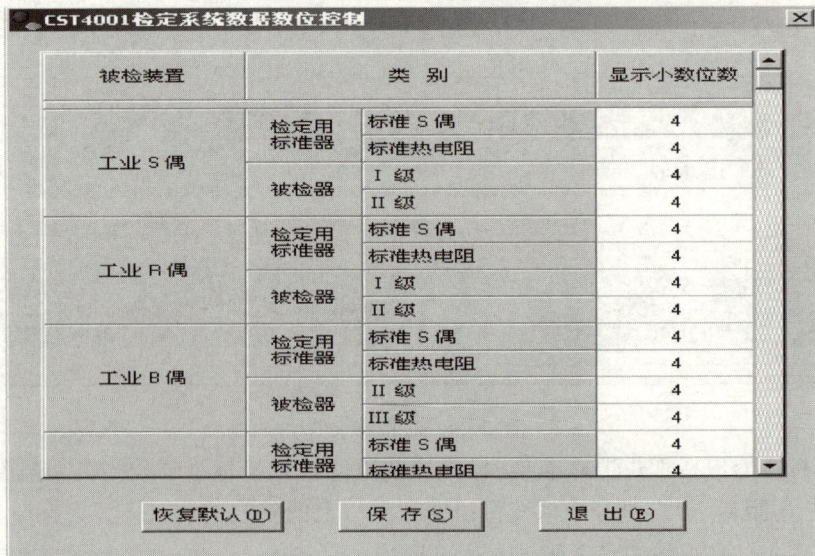

图 2.18　检定系统数据数位设置

④系统通信参数的输入及测试:选择"系统参数设置"界面中的"通信设置"标签,在如图 2.19 所示的界面中进行设置。首先正确设置各设备通信地址(一般情况下用户不需改动,用系统默认值即可)。然后根据计算机串口实际情况配置各设备的通信端口:单击欲进行设置设备标识旁的按钮,将出现如图 2.20 所示的"串口配置"界面。此界面中除串口编号外的其他设置用户均不能改动。用户连接、开启相关设备后,单击"扫描"按钮,如果硬件设备正常,系统将能正确识别出相应设备,并返回正确的串口编号。此时用户只需单击"确定"即可(如系统未能识别相应的设备,请用户检查相关串口驱动是否正确安装,相应设备是否开机并正确显示,相应设备与计算机连接是否可靠)。

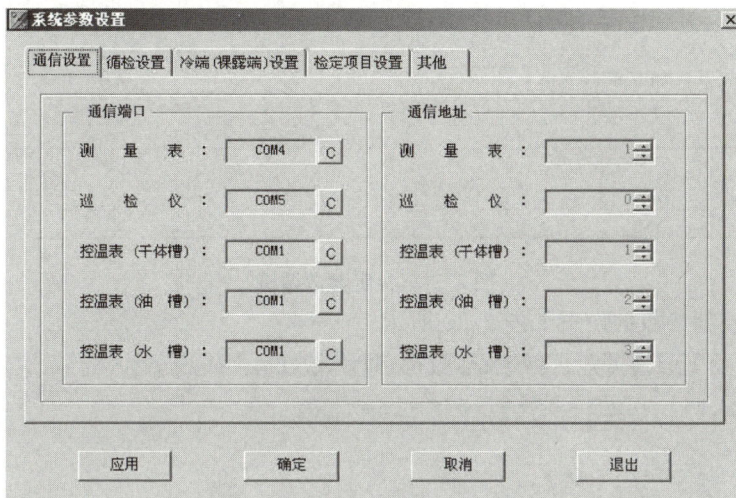

图 2.19　通信检查界面

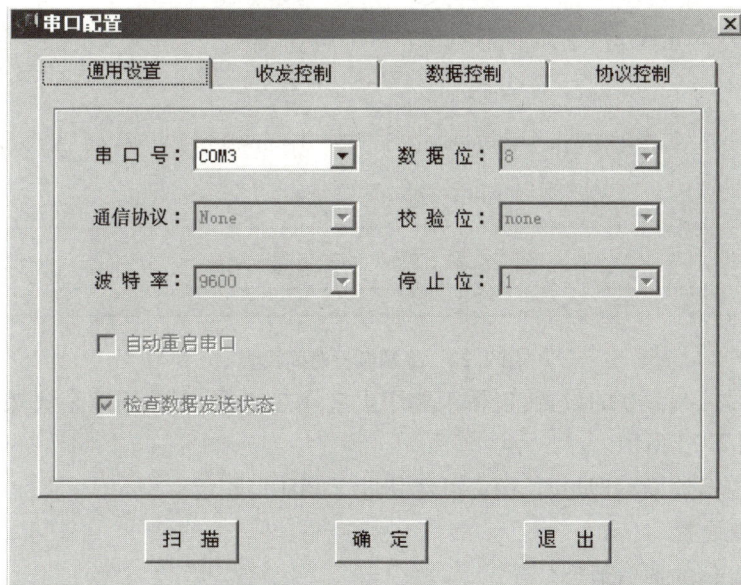

图 2.20　通信串口设置检查

⑤检定参数的输入。检定时循检参数的设置如图2.21所示。

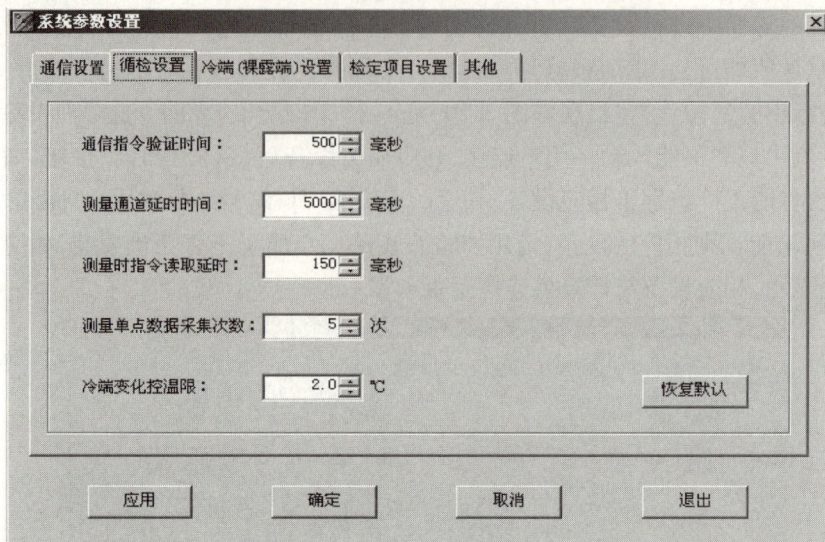

图2.21　检定参数循检

冷端循检控制参数的设置如图2.22所示。

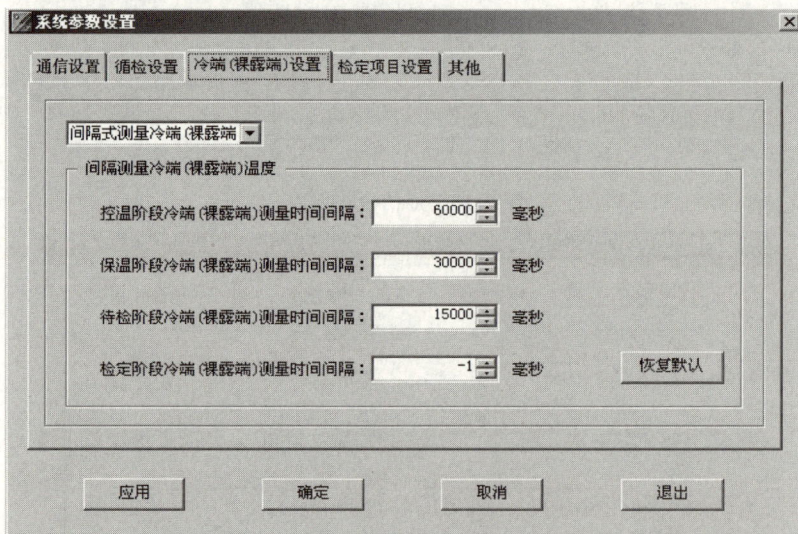

图2.22　冷端循检时间设置

各检定项目控制参数的设置:包括工业用贵金属热电偶、工业用廉金属热电偶、工业用热电阻等,如图2.23所示。

当检定炉控温效果不理想时,用户可对其进行PID自整定。

2)PID参数设置

①修改控温仪的通信地址。

为了保证控温仪与CST4001检定软件的正常运行,我们针对不同控温对象(管式炉、油槽或水槽),为控温仪设置了相应的通信地址,对应地址见表2.6。

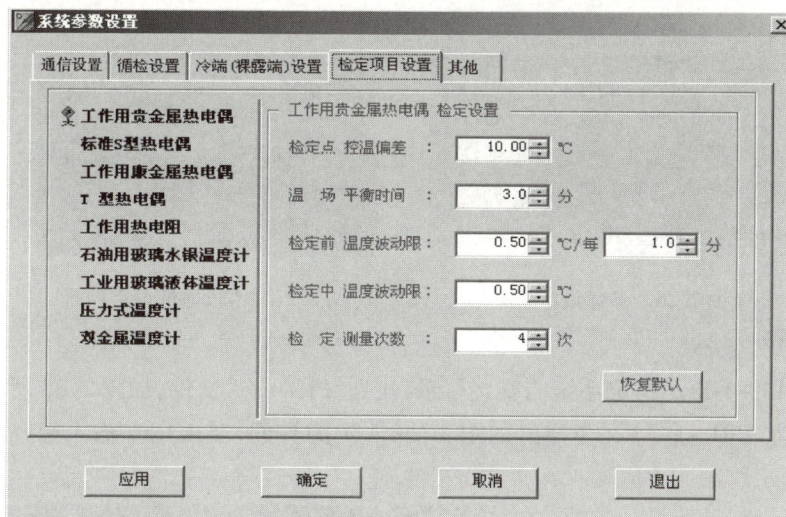

图 2.23　各型号测温元件控制参数设置

表 2.6　控温仪的对应地址

控温对象	控温仪地址
管式炉	1
油槽	2
水槽	3

如果要更改控温对象(管式炉、油槽或水槽),就必须先修改控温仪的通信地址,例如,将控温对象的油槽更改为水槽,则需进入控温仪,把通信地址中的 2 改为 3。

控温仪的通信地址修改步骤如下:

在控温仪主界面中(图 2.24),按 设置 键,进入主菜单(图 2.25),选择"2:参数设定",按 确认 键,进入"参数设定"子菜单(图 2.26)。在该界面中,选择"5:本机地址",按 确认 键,进入"请输入本机地址:"界面(图 2.27)。

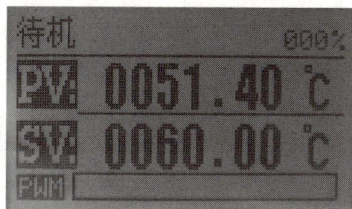

图 2.24　控温仪主界面

图 2.25　控温仪选择菜单

本机地址由键盘设定,地址范围为 1 ~ 255,默认值为 1。可通过按 移位 、△ 或 ▽ 键修改地址,再按 确认 键保存所设地址,连续按 退出 键,直到返回控温仪主界面(图 2.24)状态为止。

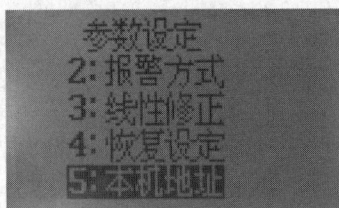

图 2.26　参数设定子菜单　　　　图 2.27　本机地址设定界面

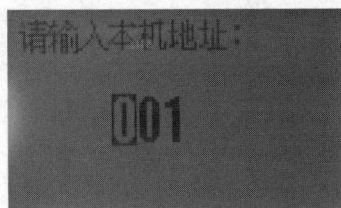

②启动软件,登录。

进入 CST4001 自动检定系统的安装目录,找到"PID. exe"文件,如图 2.28 所示。

双击启动"PID. exe"后,会弹出如图 2.29 所示的界面,要求用户输入密码。用户密码为 cst4001。

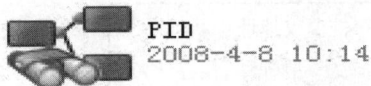

图 2.28　"PID. exe"文件界面　　　　图 2.29　PID 参数修改登录

输入密码,单击"确定"按钮进入"控温仪选择"界面,如图 2.30 所示。

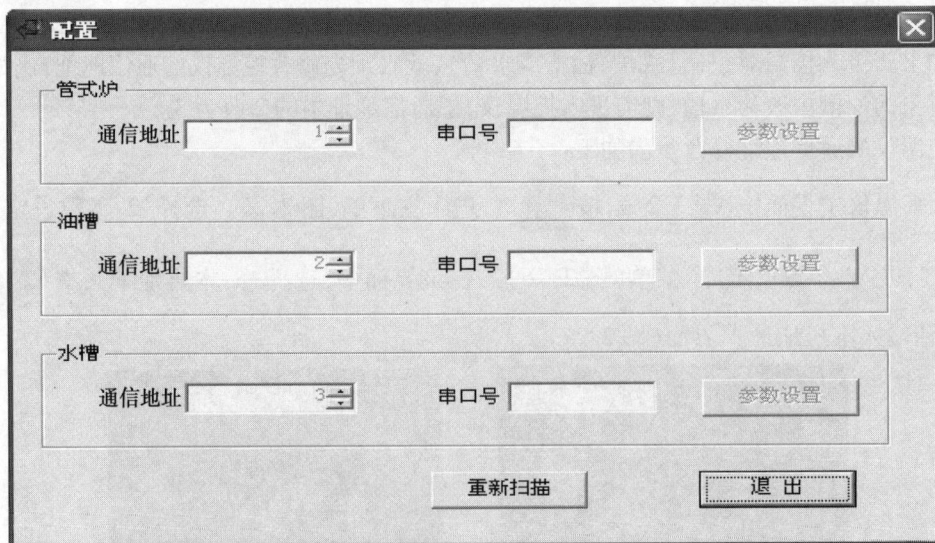

图 2.30　控温仪通信地址设定与检查

在这里,软件会自动扫描到系统当前所连接的控温仪,定位到控温仪所连接的串口。如果连线不正确或控温仪地址不正确,软件可能找不到控温仪,"参数设置"按钮会置于不可用状态,这时需检查连线情况或控温仪设置。最后单击"重新扫描"按钮进行检查。

软件找到可用的控温仪后,单击"参数设置"按钮,即可进入"控温仪 PID 参数整定"界面,如图 2.31 所示。

图 2.31　控温仪 PID 参数整定

③控温仪 PID 参数修改。

对控温仪参数的修改,可通过单击工具栏按钮来实现,如图 2.32 所示。

图 2.32　控温仪 PID 参数修改菜单

读 PID:将控温仪的参数读到软件中。

写 PID:将软件界面的 PID 数值写到控温仪中。

自整定:选择要整定的检定点,单击"自整定"后,控温仪进行自整定,整定完毕后会将整定后的 PID 参数回读到软件界面上,同时保存在控温仪表内,就可正常使用了。

保存:将当前的 PID 参数保存到指定文件中。

导入:将对应控温仪的参数文件导入控温仪中(选择文件后,软件会自动开始向控温仪写入参数信息,直到完成,这时控温仪的一些关键参数都已改变,包括控温传感器的类型)。

注意:当控温仪的控温对象(管式炉、油槽或水槽)改变时,控温对象的测温传感器和加热动力线要可靠地与控温仪相连。控温仪的参数(PID、线性、系统参数)对于控温非常重要和关键,在修改控温仪参数时一定要慎重,不正确的操作可能会造成控温仪不能正常工作,甚至对硬件造成损害。

2.2.2 测量的基本概念

测量是人们借助专门的工具,在规定的条件下,采用实验的方法,将被测量 x_0 与测量单位 U 进行比较,得到二者的比值(倍数)的过程。

$$x_0 = xU$$

式中 x_0——被测量真值(实际值);

U——测量单位;

x——被测量的测量值。

被测量的测量值 x 只能近似地等于其真值 x_0。

(1)测量方法

①按测量结果的获取方式分,可分为直接测量法和间接测量法。

A. 直接测量法。把被测量直接与测量单位进行比较,或者用预先标定好的测量仪器进行测量,从而得到被测量数值的测量方法,称为直接测量法。

B. 间接测量法。通过直接测量与被测量有某种确定函数关系的其他各变量,再按函数关系进行计算,从而求得被测量数值的方法,称为间接测量法。

②按被测量与测量单位的比较方式分,可分为偏差测量法、微差测量法和零差测量法。

A. 偏差测量法。测量器具受被测量的作用,其工作参数产生与初始状态的偏离,由偏离量得到被测量值,称为偏差测量法。

B. 微差测量法。用准确已知的、与被测量同类的恒定量去平衡掉被测量的大部分,然后用偏差法测量余下的差值,测量结果是已知量值和偏差法测得值的代数和。

C. 零差测量法。用作比较的量是准确已知并连续可调的,测量过程中使它随时等于被测量,也就是说,使已知量和被测量的差值为零,这时偏差测量仅起到检零作用,因此,被测量就是已知的比较量。

(2)测量仪表的组成

为了实现一定的测量目的,测量仪表通常由多个完成不同功能的部分组成,按所完成的功能测量仪表通常可分为传感件(敏感元件)、传送变换元件和显示元件 3 个部分。

①传感件(敏感元件)。

直接感受被测参数的变化并将其转换为其他可测信号输出,要求如下:

A. 输出信号必须随被测参数的变化而变化,即要求传感元件的输出信号与输入的被测信号之间有稳定的单值函数关系,最好是线性关系,而且可复现。

B.非被测量对传感元件输出的影响应小到可以忽略。若不能忽略,将造成测量误差。在这种情况下,一般要附加补偿装置进行补偿或修正。

C.传感元件需尽量少地消耗被测对象的能量,并且不干扰被测对象的状态或者干扰极小。

②传送变换元件。将传感件的输出放大、转换成显示件能接收的信号。

A.单纯起传输作用。

B.将感受件输出的信号放大,以满足远距离传输以及驱动显示、记录装置的需要。

C.为了使各种感受件的输出信号便于与显示仪表和调节装置配接,要通过变换件把信号转换成显示件能接收的另一种信号。这样,可实现同一种类型的显示仪表常用来显示不同类型的被测量。

③显示元件。显示元件的作用是向观测者显示被测参数的量值。

A.模拟式显示。

B.数字式显示。

C.屏幕画面显示。

(3)测量误差的分析与处理

根据测量误差来源(性质)的不同,误差可分为系统误差、随机误差和疏忽误差3类。

①系统误差。

在同一条件下(同一观测者,同一台测量器具,相同的环境条件等),多次测量同一被测量,绝对值和符号保持不变或按某种确定规律变化的误差。

A.产生原因。

a.测量仪表本身的原因;

b.仪表使用不当;

c.测量环境条件发生较大改变。

B.减小或消除系统误差的一般方法。

a.消除系统误差的来源。在测量工作投入之前,仔细检查测量系统中各环节的安装及连接线路,使其达到规定要求,尽量消除误差的来源。

b.在测量结果中加修正值。对不能消除的系统误差,在测量前,对检测系统中的各仪表进行检定,确定出修正值。对各种影响量如温度、气压、湿度等要力求确定出修正公式、修正曲线或修正表格以便对测量结果进行修正。

c.采用补偿措施。在检测系统中加装补偿装置(或自动补偿环节),以便在测量中自动消除系统误差。

d.改善测量方法。采用较完善的测量方法,消除或减少系统误差对测量结果的影响。

②随机误差。

在相同条件下多次测量同一被测量时,绝对值和符号不可预知地变化着的误差称为随机误差。误差的大小和正、负都是不确定的。

A. 产生原因:随机误差大多是由测量过程中大量彼此独立的微小因素对测量影响的综合结果造成的。

B. 处理方法:多次测量取平均值。

③疏忽误差。

明显歪曲了测量结果,使该次测量失效的误差称为疏忽误差。含有疏忽误差的测量值称为坏值。

产生原因:测量者的主观过失,如读错、记错测量值;操作错误;测量系统突发故障等。

处理:存在这类误差的测量值应当剔除。

(4)误差表示方法

测量误差是被测量参数的测量值 x 与其真值 x_0 之差。

可以说,真值是不可能得到的,但在误差分析时又要用到真值,常采用近似的方法得到:

①用标准物质(标准器)所提供的标准值,如水的三相点。

②用高一级的标准仪表测量得到的值来近似作为真值。

③对被测量进行多次等准确度测量,各次测量值的算术平均值近似为真值。测量次数越多,越接近真值。

测量误差表示方式如下:

绝对误差 Δx:

$$\delta = x - x_0$$

实际相对误差 γ_{x_0}:

$$\gamma_{x_0} = \frac{\delta}{x_0} \times 100\%$$

标称相对误差 γ_x:

$$\gamma_x = \frac{\delta}{x} \times 100\%$$

以上 3 种误差表示形式一般用于反映测量结果准确程度的高低。当用于比较两次测量结果的准确性时,一般采用相对误差来衡量。

折合误差 γ_A:

$$\gamma_A = \frac{\delta}{A_{max} - A_{min}} \times 100\%$$

式中 A_{max}——测量仪表量程上限;

  A_{min}——测量仪表量程下限。

折合误差一般用于比较测量仪表的优劣。折合误差也称为引用误差。

（5）测量仪表的基本技术指标

①量程范围。

仪表能够测量的最大输入量与最小输入量之间的范围称为仪表的量程范围，简称量程。在数值上等于仪表上限值 A_{max} 与下限值 A_{min} 的代数差之绝对值。

$$A = A_{max} - A_{min}$$

②仪表的准确度等级。

仪表的基本误差：在规定的工作条件下，仪表量程范围内各示值误差中的绝对值最大者。

基本误差的绝对误差形式：

$$\delta_j = |\delta|_{max}$$

基本误差的相对误差形式：

$$\gamma_j = \frac{|\delta|_{max}}{A} \times 100\%$$

允许误差：仪表在正常工作条件下，为了保证质量，对各类仪表人为规定了其基本误差不能超过的最大值，此最大值称为仪表的允许误差。

允许误差的绝对误差形式：

$$\delta_{允} = \pm |\delta|_{max}$$

允许误差的相对误差形式：

$$\gamma_{允} = \pm \frac{|\delta|_{max}}{A} \times 100\%$$

准确度等级：仪表最大折合误差表示的允许误差去掉百分号后余下的数字值为该仪表的准确度等级，也称精度等级。

工业仪表准确度等级的国家标准系列有 0.005,0.01,0.02,0.04,0.05,0.1,0.2,0.4,0.5,1.0,1.5,2.5,4.0,5.0,…等级。仪表刻度盘上应标明该仪表的准确度等级。数字越小，准确度越高。

$$仪表的允许误差 = \pm 准确度等级$$

【例 2.1】　某台测温仪表的测温范围为 $100 \sim 1\,100\ ℃$，校验该表时得到的基本误差为 $9\ ℃$，试确定该仪表的精度等级。

解：该仪表的相对基本误差为

$$\gamma_j = \left| \frac{9}{1\,100 - 100} \right| \times 100\% = 0.9\%$$

将该仪表相对基本误差"%"号去掉，其数值为 0.8。由于国家规定的精度等级中没有 0.8 级仪表，同时，该仪表的误差超过了 0.5 级仪表所允许的最大误差，因此，这台测温仪表的精度等级为 1.0 级。

【例2.2】 某台测压仪表的测压范围为 0 ~ 10 MPa。根据工艺要求,压力指示值的误差不允许超过 ±0.7 MPa,试问应如何选择仪表的精度等级才能满足以上要求?

解: 仪表的允许误差为

$$\gamma_{允} = \pm \frac{|\delta|_{max}}{A} \times 100\% = \pm \frac{0.07}{10} \times 100\% = \pm 0.7\%$$

如果将仪表的允许误差去掉"±"号与"%"号,其数值介于 0.5 ~ 1.0,如果选择精度等级为 1.0 级的仪表,其允许的误差为 ±1.0%,超过了工艺上允许的数值,故应选择 0.5 级仪表才能满足工艺要求。

③变差。

在使用条件不变的情况下,在仪表量程范围内,使用同一仪表对被测量进行正反行程测量时,所有测量点上产生的最大差值与仪表量程之比值称为变差,用 ε 表示。

$$\varepsilon = \frac{|x_{正} - x_{反}|_{max}}{A} \times 100\%$$

正行程(上行程):输入量从量程下限增加至量程上限的测量过程,过程中不允许减小。

反行程(下行程):输入量从量程上限减少至量程下限的测量过程,过程中不允许减小。

④灵敏度。

在稳定情况下,仪表输出变化量 ΔY 与引起此变化的输入量的变化量 Δx 之比值,定义为仪表的灵敏度,用 S 表示,即

$$S = \frac{\Delta Y}{\Delta x}$$

⑤线性度(或非线性误差)。

实际特性曲线往往偏离线性关系,它们之间最大偏差的绝对值与量程之比的百分数,称为线性度,如图 2.33 所示。

$$\gamma_f = \frac{\Delta f_{max}}{A} \times 100\%$$

⑥灵敏限(分辨率、死区)。

灵敏限表明仪表响应输入量微小变化的能力指标,即不能引起输出发生变化的最大输入变化幅度与量程范围之比的百分数。

⑦温度漂移。

在保持工作条件和输入信号不变的条件下,经过规定的较长一段时间后输出的变化,称为温漂。它以仪表量程各点上输出的最大变化量与量程之比的百分数来表示。

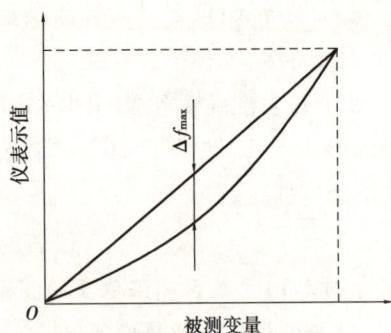

图 2.33 仪表线性度示意图

【任务实施】

（1）准备工器具（表 2.7）

表 2.7　工器具清单

序号	设备名称	单位	型号或规格	数量
1	康斯特温度自动检定系统	套		1
2	高温炉	台		1
3	标准热电偶	支		1
4	被校热电偶	支		1
5	冷端温度补偿热电阻	个		2
6	导线	根		若干

（2）操作步骤

①系统接线。

②进入软件后,单击"检定"按钮,进入检定设置界面,选择对应的被检器类别(S 偶)。

③然后填写检定记录编号、级别、选择被检器的数量,以及被检偶的电极直径、被检器的设备编号、送检单位、制造厂和出厂编号。

④填写检定点温度,可以采用默认检定点,也可以自定义检定点。

⑤设定完后单击"检定"按钮,进入标准器选择界面,查看检定炉默认的标准器编号是否跟使用的标准器一致。单击检定炉后面的图标进入标准器数据库,找到对应编号的标准器,然后单击左上角的选择,单击"确定"按钮,进入检定界面。

⑥单击检定界面工具条的检定点图标。

⑦设置温控仪地址。

⑧选择温控仪 PID 参数。

⑨确定无误后,单击"检定"按钮,软件开始自动检定。

软件会自动控温、采集数据,达到检定条件后,软件开始采集数据,当数据采集完毕后,软件提示检定结束。单击"数据"图标,可以查看检定数据。软件自动计算误差,判定结果。单击"数据"图标,进入数据界面,可以进行导出数据、打印检定证书等操作。

（3）思考题

①热电偶测温时,产生误差的原因有哪些?

②如何减少冷端温度变化所带来的影响?

【任务评价】

利用温度自动检定系统校验热电偶任务评价表

任务名称			利用温度自动检定系统校验热电偶				
姓名				学号			
序号	评分项目	评分内容及要求	评分标准		扣分	得分	备注
1	预备工作（10分）	1. 安全着装 2. 仪器仪表检查	1. 未按照规定着装,每处扣0.5分 2. 仪器仪表选择错误,每次扣1分;未检查扣1分 3. 其他情况,请酌情扣分				
2	设备连接（20分）	康斯特温度自动检定系统、高温炉、标准热电偶、被校热电偶、冷端温度补偿热电阻、导线的连接	1. 连接操作不规范,每项扣2分 2. 连接错误,每项扣5分				
3	控温仪地址设定(10分)	设置控温仪地址	设置错误,扣5分				
4	校验软件设置（30分）	1. 基本校验信息填写 2. 通信检查 3. 校验点设置 4. 选择标准器 5. PID参数选择 6. 校验启动	1. 信息填写不规范,扣5分 2. 通信检查不全,扣5分 3. 检验点设置不规范,扣5分 4. 标准器选择错误,扣5分 5. PID参数选择错误,扣10分				
5	校验报告及数据分析(15分)	1. 打印表单 2. 数据分析	1. 未打印表单,扣3分 2. 不会分析,扣3分				
6	整理现场（5分）	恢复到初始状态	1. 未整理现场,扣5分 2. 现场有遗漏,每处扣1分 3. 离开现场前未检查,扣2分 4. 其他情况,请酌情扣分				
7	综合素质（10分）	1. 着装整齐,精神饱满 2. 现场组织有序,工作人员之间配合良好 3. 独立完成相关工作 4. 执行工作任务时,不大声喊叫 5. 不违反电力安全规定及相关规程					
8	总分(100分)						
试验开始时间　　时　　分 结束时间　　　时　　分				实际时间 　　时　　分			
	教师						

任务 2.3　利用温度自动检定系统校验热电阻

【任务目标】

1. 掌握热电阻测温回路的结构及原理。
2. 能利用 Const4001 温度自动检定系统校验热电阻。

【任务描述】

1. 热电阻校验系统接线。
2. 设置控温仪参数。
3. 设置 Const4001 温度自动检定系统。
4. 按照正确步骤进行热电阻校验操作。

【相关知识】

2.3.1　热电阻温度计

在测量温度为 600~1 300 ℃ 的范围内,热电偶是比较理想的,但对于中低温的测量,热电偶则有一定的局限性,这是因为热电偶在中低温区域输出热电势很小,对配用的仪表质量要求较高,如铂铑-铂热电偶在 100 ℃ 时的热电势仅为 0.64 mV,这样小的热电势对电子电位差计的抗干扰能力要求都很高,仪表的维修也困难。此外,热电偶冷端温度补偿问题,在中低温范围内的影响比较突出,一方面,采取温度补偿必然增加工作上的不便;另一方面,冷端温度如果不能得到全补偿,其影响就较大,加之在低温时,热电特性的线性度较差,在进行温度调节时也须采取一定措施,这些都是热电偶在测温时的不足之处。因此,工业上在测量低温时通常采用另一种测量元件,即热电阻。热电阻温度计的测量范围为 −200~850 ℃。

热电阻温度计的最大优点:测量精度高,无冷端补偿问题,特别适用于低温测量,所以在工业上得到广泛应用。铂电阻温度计可测到 −200 ℃;铟电阻温度计可测到 3.4 K 的低温。

热电阻温度计的缺点:不能测量太高的温度;需外电源供电,因此使用受到限制;连接导线的电阻易受环境温度的影响,会产生测量误差。

1)热电阻测温原理

导体(或半导体)的电阻值是随着温度的变化而变化的,一般来说,它们之间有如下关系,即

$$R = f(t)$$

通常用电阻温度系数 α 来描述电阻值随温度变化而变化的这一特性,其定义是:在某一温度间隔内,温度变化 1 ℃时的电阻相对变化量,单位为 1/℃。根据定义,α 可用下式表示:

$$\alpha = \frac{R_t - R_{t_0}}{R_{t_0}(t - t_0)} = \frac{\Delta R}{R_{t_0} \Delta t}$$

金属导体的电阻一般随温度升高而增大,α 为正值,称为正的电阻温度系数。用于测温的半导体材料的 α 为负值,即具有负的电阻温度系数。各种材料的 α 值并不相同,对于纯金属而言,一般为 0.38% ~ 0.68%。它的大小与导体本身的纯度有关,α 越大,导体材料的纯度越高。通常用电阻比 R_{100}/R_0 来表示材料的纯度,R_{100} 代表在 100 ℃时的电阻值,R_0 代表在 0 ℃时的电阻值。而半导体的电阻值却随着温度的升高而减少,在 20 ℃左右,温度每变化 1 ℃,其电阻值变化 -6% ~ -2%。若能设法测出电阻值的变化,就可相应地确定温度的变化,从而达到测温的目的。电阻温度计就是利用导体(或半导体)的电阻值随温度变化的这一特性来进行温度测量的,即把温度变化所引起的导体电阻变化,通过测量桥路转换成电压信号,然后送入显示仪表以指示或记录被测温度。

由上述可知,热电阻温度计和热电偶温度计的测量原理是不同的。热电偶温度计是把温度的变化通过测温元件热电偶转换为热电势的变化来测量温度的,而热电阻温度计则是把温度的变化通过测温元件热电阻转换为电阻值的变化来测量温度的。

热电阻温度计适用于测量 -200 ~ 850 ℃低温范围内的液体、气体、蒸汽及固体表面温度。它和热电偶温度计一样,也具有远传、自动记录和多点测量等优点。此外,热电阻温度计的输出信号大,测量准确,所以在 1990 国际温标(ITS-90)中规定:13.803 3 K(-259.346 7 ℃)~961.78 ℃温区内以铂电阻温度计作为基准器。

2)热电阻的材料和要求

热电阻测温的机理是利用导体或半导体的电阻值随温度变化而变化的性质,但不是所有导体或半导体材料都可作为测量元件,还得从其他方面的性能来考虑和选择,对热电阻材料的要求有:

①物理、化学性质稳定,测量精度高,抗腐蚀,使用寿命长。

②电阻温度系数要大,即灵敏度要高。

③电阻率要高,以使热电阻的体积较小,减小测温的时间常数。

④热容量要小,使电阻体热惯性小,反应较灵敏。

⑤线性好,即电阻与温度关系呈线性或为平滑曲线。

⑥易于加工,价格便宜,降低制造成本。

⑦复现性好,便于成批生产和部件互换。

2.3.2　常用热电阻

最常用的金属热电阻有铂热电阻、铜热电阻和镍热电阻 3 种。

（1）**铂热电阻**（ $-200 \sim 850$ ℃）

铂热电阻的特点是测量精度高、稳定性好、性能可靠，但是在还原性介质中，特别是在高温下很容易被从氧化物中还原出来的蒸汽所玷污而变脆，同时改变电阻与温度之间的关系。为了克服上述缺点，使用时热电阻芯应装在保护套管中。电阻值与温度之间的关系如下：

在 $-200 \sim 0$ ℃ 范围内，铂电阻与温度的关系可用下式表示：

$$R_t = R_0 [1 + At + Bt^2 + Ct^3 (t - 100)]$$

在 $0 \sim 850$ ℃ 范围内，铂电阻与温度的关系可用下式表示：

$$R_t = R_0 (1 + At + Bt^2)$$

式中　R_t——温度为 t ℃时热电阻的电阻值；

R_0——温度为 0 ℃时热电阻的电阻值；

$A = 3.908\ 3 \times 10^{-3}$/℃， $B = -5.775 \times 10^{-7}$/℃^{2}， $C = -4.183 \times 10^{-12}$/℃^{4}。

铂的纯度目前技术水平已达到 $R_{100}/R_0 = 1.393\ 0$，其相应铂的纯度为 99.999 5%。工业用铂电阻的纯度为 $R_{100}/R_0 = 1.387 \sim 1.391$，标准铂电阻的纯度为 $R_{100}/R_0 = 1.392\ 5$。

（2）**铜热电阻**（ $-50 \sim 150$ ℃）

工业上常用铜热电阻来测量 $-50 \sim 150$ ℃范围的温度，铜容易提纯，价格比铂便宜很多，电阻温度系数大且关系是线性的，用公式 $R_t = R_0 (1 + \alpha t)$ 表示，其中 $\alpha = (4.25 \sim 4.28) \times 10^{-3}$/℃。但铜的电阻率（比电阻） $\rho_{Cu} = 0.017$ Ωmm^2/m，约是铂的电阻率 $\rho_{Pt} = 0.098\ 1$ Ωmm^2/m 的 1/6，所以制成一定电阻值的热电阻时，与铂相比，若电阻丝的长度相同时，则铜电阻丝就很细，机械强度降低，若线径相同，长度则增加许多倍，体积增大。此外，铜在 100 ℃以上容易氧化，抗腐蚀性能差，所以工作温度不超过 150 ℃。

（3）**镍热电阻**（ $-60 \sim 180$ ℃）

镍热电阻的温度系数大，灵敏度比铂和铜高，常用来测量 $-60 \sim 180$ ℃范围内的温度。镍热电阻的电阻比为 $R_{100}/R_0 = 1.618$。镍电阻与温度的关系可用下式表示：

$$R_t = 100 + At + Bt^2 + Ct^4$$

式中　$A = 0.548\ 5$/℃， $B = 0.665 \times 10^{-3}$/℃^{2}， $C = 2.805 \times 10^{-9}$/℃^{4}。

由于镍热电阻的制造工艺较复杂，很难获得与 α 相同的镍丝，因此，其测量准确度低于铂热电阻，我国目前规定的标准化热电阻的分度号有 3 种，即 Ni100, Ni300, Ni500。

（4）**半导体热敏电阻**

半导体点温计是利用锰、镍、铜和铁等金属氧化物配制成的热敏电阻作为测温元件的，其形状有珠形、圆形、垫圈形和薄片形，常用的有 61 型珠形和微型珠形半导体热敏电阻。与一般热电阻的不同之处在于它是负电阻温度系数的,温度升高,电阻降低,变化幅度也大,电阻温度系数 α 达 $-7\% \sim -2\%$,是金属热电阻的 $10 \sim 100$ 倍,因此,可采用精度较低的显示仪表。其特性曲线如图 2.32 所示。由于它具有良好的抗腐蚀性、灵敏度高、热惯性小、结构简单、寿命长、便于远距离测量等优点,因此,可用于腐蚀性介质温度、表面温度及体温等的温度测量。缺点是测量范围小($-40 \sim 350\ ℃$),互换性差,温度-电阻特性是非线性的。

热敏电阻的温度系数 α 与温度的平方成反比,即

$$\alpha = -\frac{\beta}{T_2}$$

热敏电阻的电阻值高,半导体较铂热电阻的电阻值高 $1 \sim 4$ 个数量级,并且与温度的关系不是线性的,可用下列经验公式表示:

$$R_{\mathrm{T}} = A\mathrm{e}^{\frac{B}{T}}$$

式中　T——温度,K;

　　　R——温度 T 时的电阻值,Ω;

　　　e——自然对数的底;

　　　A,B——取决于热敏电阻材料和结构的常数,A 的量纲为电阻,B 的量纲为温度。

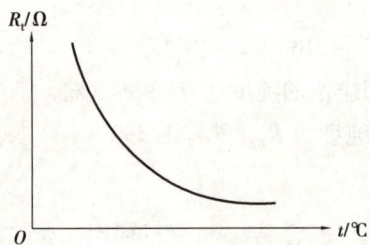

图 2.34　半导体热敏电阻
的阻值——温度特性

图 2.34 为半导体热敏电阻的阻值——温度特性,它是一条指数曲线。

热敏电阻的体积小,热惯性也小,结构简单,根据需要可制成各种形状,如珠形、片形、杆形、圆片形、薄膜形等,目前最小珠状热敏电阻可达 $\phi 0.2\mathrm{mm}$,常用来测点温。

热敏电阻的资源丰富、价格低廉、化学稳定性好,元件表面用玻璃等陶瓷材料封装,可用于环境较恶劣的场合。充分利用这些特点,可研制出灵敏度高、响应速度快、使用方便的温度计。

半导体热敏电阻常用的材料由铁、镍、锰、钴、钼、钛、镁等复合氧化物高温烧结而成。

热敏电阻的主要缺点是其阻值与温度的关系呈非线性。元件的稳定性及互换性较差,而且,除高温热敏电阻外,不能用于 350 ℃ 以上的高温。

2.3.3　热电阻的结构、型号、主要规格及技术特性

(1)普通热电阻

普通热电阻通常由电阻体、绝缘子、保护套管和接线盒 4 个部分组成。除电阻体外,其余部分的结构和形状与热电偶的相应部分相同。

铂电阻体是用很细的铂丝绕在云母、石英或陶瓷支架上做成的,形状有平板形、圆柱形和螺旋形等。常用的 WZB 型铂电阻体由直径为 $0.03 \sim 0.07$ mm 的铂丝绕在云母片制成的

平板形支架上。云母片边缘开有锯齿形的缺口,铂丝绕在齿缝内以防短路。铂丝绕成的绕组两面盖以云母片绝缘。为了改善热电阻的动态特性和增加机械强度,可在其两侧用金属薄片制成的夹持件将它们铆在一起。铂丝绕组的线端与 $\phi1$ 银丝引出线相焊,并穿以瓷套管加以绝缘和保护。

工业上还常用微型铂热电阻,它的体积小,热惯性小,气密性好。它是由刻有螺纹的圆柱形玻璃棒(高温铂电阻使用石英支架)上绕以 $\phi0.04 \sim \phi0.05$ 已退火的铂丝(石英支架用螺旋形铂丝)组成,引出线用 0.5 mm 的铂丝,外面套以 $\phi4.5$ mm 的特殊玻璃管(或石英管)作为保护套管。

从减少引出线和连接导线电阻因环境温度变化所引起的测量误差考虑,希望铂电阻初始值 R_0 越大越好,但 R_0 太大,将使电阻体体积增大,热惯性也增大。同时,流过热电阻的测量电流在热电阻上产生的热量也增大,从而造成附加的测量误差。我国常用的工业铂电阻分度号 Pt10 取 $R_0 = 10 \ \Omega$,Pt100 取 $R_0 = 100 \ \Omega$。铂热电阻分度特性参见分度表 2.8。

铜电阻体是一个铜丝绕组(包括锰铜补偿部分),由直径为 0.1 mm 的高强度漆包铜线用双线无感绕法绕在圆柱形塑料支架上而成。

为了防止铜丝松散,加强机械固紧以及提高其导热性能,整个元件经过酚醛树脂(或环氧树脂)的浸渍处理后还必须进行烘干(同时也起老化作用),烘干温度为 120 ℃,保持 24 h,然后冷却至常温,再把铜丝绕组的出线端子与镀银铜丝制成的引出线焊牢,并穿以绝缘套管,或直接用绝缘导线与其焊接。

铜电阻的分度号 Cu50 取 $R_0 = 50 \ \Omega$,Cu100 取 $R_0 = 100 \ \Omega$。分度特性见分度表 2.8。

表 2.8　热电阻的主要技术特性

代号	分度号	0 ℃时电阻值 /Ω	0 ℃时电阻允许误差 /%	电阻比 $\left(\dfrac{R_{100}}{R_0}\right)$	测量范围 /℃	基本误差允许值 /℃
WZP	Pt10	10 (0 ~ 850 ℃)	A 级 ±0.006 B 级 ±0.012	1.385 ± 0.001	-200 ~ 850	$\Delta t = \pm(0.15 + 2 \times 10^{-3}t)$
	Pt100	100 (-200 ~ 850 ℃)	A 级 ±0.006 B 级 ±0.012			$\Delta t = \pm(0.3 + 5 \times 10^{-3}t)$
WZC	Cu50	50	±0.05	1.428 ± 0.002	-50 ~ 150	$\Delta t = \pm(0.3 + 6 \times 10^{-3}t)$
	Cu100	100	±0.1			
WZN	Ni100	100	±0.1	1.67 ± 0.003	-60 ~ 0	$\Delta t = \pm(0.2 + 2 \times 10^{-2}t)$
	Ni300	300	±0.3		0 ~ 180	$\Delta t = \pm(0.2 + 1 \times 10^{-2}t)$
	Ni500	500	±0.5			

此外,对电阻体引出线也有一定的要求,一般要求引出线对金属热电阻丝及连接的铜导线不会产生很大的热电势,且化学稳定性好。标准或规范型仪表用金或铂作引出线。工业用热电阻的引出线,高温下用银,低温下用铜。

热电阻的型号是采用汉语拼音字母表示的,第一个字母 W 表示温度,第二个字母 Z 表示热电阻,第三个字母则分别表示热电阻的分度号,铂电阻为 P,铜电阻为 C,镍电阻为 N。

(2)特殊热电阻

1)铠装热电阻

铠装热电阻是将陶瓷骨架或玻璃骨架的感温元件装入细不锈钢管内,其周围用氧化镁牢固填充,保证它的3根引线与保护管之间,以及引线相互之间良好绝缘。充分干燥后,将其端头密封再经模具拉制成坚实的整体,称为铠装热电阻。

铠装热电阻同普通热电阻相比具有以下优点:

①外径尺才小,套管内为实体,响应速度快。

②抗震,可挠,使用方便,适于安装在结构复杂的部位。

③感温元件不接触腐蚀性介质,使用寿命长。

铠装热电阻的外径尺寸一般为 2 ~ 8 mm,个别的可制成 0.2 mm。常用温度为 -200 ~ 600 ℃。

2)薄膜铂热电阻

薄膜铂热电阻是利用真空镀膜法将纯铂直接蒸镀在绝缘的基板上而制成的。它的测温范围是 -50 ~ 600 ℃。由于薄膜热容量小,导热系数大,因此薄膜铂热电阻能够快速准确地测出表面的真实温度。

3)厚膜铂热电阻

厚膜铂热电阻是用高纯铂粉与玻璃粉混合,加有机载体调成糊状浆料,用丝网印刷在刚玉基片上,再烧结安装引线,调整电阻值。最后涂玻璃釉作为电绝缘保护层。

厚膜铂热电阻与线绕铂热电阻的应用范围基本相同。在表面温度测量及机械振动环境下应用明显优于线绕铂热电阻。

2.3.4　热电阻测温电路

平衡电桥与不平衡电桥都是测量电阻变化量的仪表。当把它们用在"自动检测"领域中时,根据所配用的电阻型敏感元件的(如热电阻、应变片等)不同,可以有各种不同的刻度。

图 2.35 为平衡电桥基本原理图,图中 R_t 为热电阻,阻值随温度而变化,R_2 和 R_3 为固定电阻,R_1 为可调电阻,由这 4 个电阻组成桥路的 4 个桥臂。G 为检流计,E 为电源。当 R_t 值改变时,桥路平衡被破坏。检流计 G 偏转,这时改变 R_1 值,使电桥重新达到平衡,检流计 G 指零,这时有

（a）平衡电桥原理图　　　（b）平衡电桥两线接法原理图

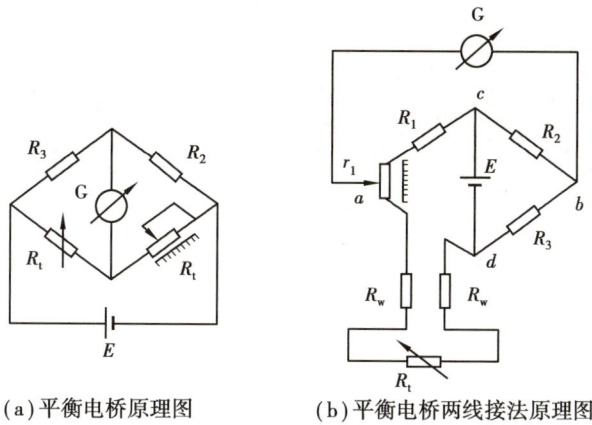

图 2.35　平衡电桥

$$R_t = \frac{R_1 R_2}{R_3}$$

由于 R_2，R_3 已知，因此，R_t 与 R_1 成正比，只要沿 R_1 敷设标尺，便可根据滑触点的位置读出被测电阻值，可得被测温度。

使用电桥作测量仪表时，工业用铂电阻的引出线是三线制以减小连接导线电阻因环境温度变化所引起的测量误差，如图 2.36、图 2.37 所示。

标准或规范型铂热电阻的引出线采用四线制，既可消除连接导线电阻的影响，又可消除线路中寄生电势引起的测量误差，如图 2.38 所示。

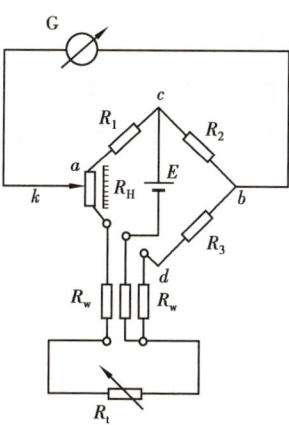

图 2.36　三线接法平衡电桥原理图

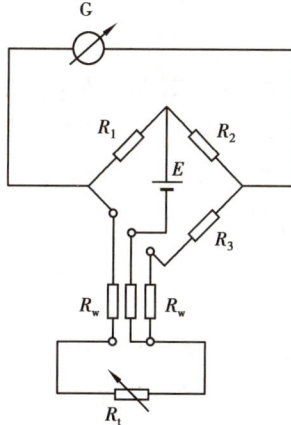

图 2.37　不平衡电桥原理图

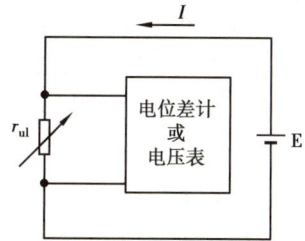

图 2.38　有源四线制热电阻测温原理图

【任务实施】

（1）准备工器具（表2.9）

表2.9 工器具清单

序号	设备名称	单位	型号或规格	数量
1	康斯特温度自动检定系统	套		1
2	油槽	个		1
3	标准热电阻	个		1
4	被校热电阻	个		1
5	导线	根		若干

（2）**操作步骤**

①系统接线。

②打开软件后，单击"检定"图标，进入检定设置界面，选择对应的被检器类别（PT热电阻）。

③然后填写检定记录编号、级别、选择被检器的数量、被检器的设备编号、送检单位、制造厂和出厂编号。

④填写检定点温度，可以采用默认检定点，也可以自定义检定点。

⑤设定完，单击"检定"图标，进入标准器选择界面，查看油槽默认的标准器编号是否跟使用的标准器一致。单击检定炉后面的图标进入标准器数据库，找到对应编号的标准器，然后单击左上角的选择，单击"确定"按钮进入检定界面。

⑥单击工具条中的"检定点"图标。

⑦设置温控仪地址。

⑧选择温控仪PID参数。

⑨确定无误后，单击"检定"图标，软件开始自动检定。

软件会自动控温、采集数据，达到检定条件后，软件开始采集数据，数据采集完毕后，软件提示检定结束。单击"数据"图标，可以查看检定数据。软件自动计算误差，判定结果。单击数据图标，进入数据界面，可以导出数据，打印检定证书等操作。

（3）**思考题**

①热电阻测温的原理是什么？

②如何减小线路电阻的影响？请说明原理。

【任务评价】

利用温度自动检定系统校验热电阻任务评价表

任务名称			利用温度自动检定系统校验热电阻				
姓名				学号			
序号	评分项目	评分内容及要求	评分标准	扣分	得分	备注	
1	预备工作（10分）	1. 安全着装 2. 仪器仪表检查	1. 未按照规定着装，每处扣0.5分 2. 仪器仪表选择错误，每次扣1分；未检查扣1分 3. 其他情况，请酌情扣分				
2	设备连接（20分）	康斯特温度自动检定系统、油槽、标准热电阻、被校热电阻、导线的连接	1. 连接操作不规范，每项扣2分 2. 连接错误，每项扣5分				
3	控温仪地址设定（10分）	设置控温仪地址	设置错误，扣5分				
4	校验软件设置（30分）	1. 基本校验信息填写 2. 通信检查 3. 校验点设置 4. 选择标准器 5. PID参数选择 6. 校验启动	1. 信息填写不规范，扣5分 2. 通信检查不全，扣5分 3. 检验点设置不规范，扣5分 4. 标准器选择错误，扣5分 5. PID参数选择错误，扣10分				
5	校验报告及数据分析（15分）	1. 打印表单 2. 数据分析	1. 未打印表单，扣3分 2. 不会分析，扣3分				
6	整理现场（5分）	恢复到初始状态	1. 未整理现场，扣5分 2. 现场有遗漏，每处扣1分 3. 离开现场前未检查，扣2分 4. 其他情况，请酌情扣分				
7	综合素质（10分）	1. 着装整齐，精神饱满 2. 现场组织有序，工作人员之间配合良好 3. 独立完成相关工作 4. 执行工作任务时，不大声喊叫 5. 不违反电力安全规定及相关规程					
8	总分（100分）						
试验开始时间　　　时　　　分 结束时间　　　时　　　分				实际时间 　　　时　　　分			
教师							

情境 3　压力测量及应用

【情境描述】

本情境主要培养学生了解压力测量方法和相关测量仪表,掌握弹簧管压力表、压力变送器测压原理,掌握压力测量仪表的校验方法和步骤,能按技术规范和工艺要求校验弹簧管压力表和压力变送器,并对校验结果进行误差计算和分析。

【情境目标】

1. 掌握弹簧管压力表、压力变送器和压力开关的原理,掌握提高测量准确性的方法。
2. 能阐述发电厂主要压力信号在相应系统中的作用。
3. 能利用弹簧管压力表和压力变送器进行压力测量。
4. 会对弹簧管压力表和压力变送器进行校验。

任务 3.1　弹簧管压力表校验

【任务目标】

1. 了解弹簧管压力表的结构及原理。
2. 掌握压力表的校验方法。
3. 能按规范步骤对弹簧管压力表校验进行操作和读数。
4. 能对校验数据进行误差计算,得出正确的结论。

【任务描述】

在活塞式压力校验台上,完成被校压力表与标准表的安装,按规范步骤完成正、反行程校验,读数,误差计算,得出结论。

【相关知识】

压力是工业生产过程中的重要参数之一,为了保证生产能正常运行,必须对压力进行监测和控制。例如,在化学反应中,因为压力既影响物料平衡,又影响化学反应速度,所以必须严格遵守工艺操作规程,这就需要测量或控制其压力,以保证工艺过程的正常进行。压力测量或控制也是安全生产所必需的,通过压力监视可以及时防止生产设备因过压而引起破坏或爆炸。在热电厂中,如炉膛负压反映了送风量与引风量的平衡关系,炉膛压力的大小还与炉内稳定燃烧密切相关,直接影响机组的安全经济运行。

3.1.1　压力单位

在工程技术上,压力对应于物理概念中的压强,即指均匀而垂直作用于单位面积上的力,用符号 p 表示。在国际单位制中,压力的单位为帕斯卡,简称"帕",用符号 Pa 表示,其物理意义是 1 N 垂直均匀地作用在 1 m^2 面积上所产生的压力,称为 1 Pa,即 $1\ \text{Pa} = \dfrac{1\ \text{N}}{1\ \text{m}^2}$。

在工程技术上,仍在使用的压力单位还有工程大气压、物理大气压、巴、毫米汞柱和毫米水柱等。

3.1.2　压力的表示方法

在测量中,压力有 3 种表示方式,即绝对压力、表压力、真空度或负压。此外,还有压力差(差压)。

绝对压力是指被测介质作用在物体单位面积上的全部压力,是物体所受的实际压力。

表压力是指绝对压力与大气压力的差值。当差值为正时,称为表压力,简称压力;当表压力为负时,称为负压或真空,该负压的绝对值称为真空度。

差压是指两个压力的差值。习惯上把较高一侧的压力称为正压力,较低一侧的压力称为负压力。但应注意的是正压力不一定高于大气压力,负压力也并不一定低于大气压力。

各种工艺设备和测量仪表通常是处于大气之中的,也承受着大气压力,只能测出绝对压力与大气压力之差,所以工程上经常采用表压和真空度来表示压力的大小。一般的压力测量仪表所指示的压力也是表压或真空度。因此,以后所提的压力,在无特殊说明外,均指表压力。

3.1.3　压力测量的主要方法和分类

压力测量的方法有很多,按照信号转换原理的不同,一般可分为4类。

(1)**液柱式压力测量**

该方法是根据流体静力学原理,将被测压力转换成液柱高度差进行测量。一般采用充有水或水银等液体的玻璃U形管或单管进行小压力、负压和差压的测量。

(2)**弹性式压力测量**

该方法是根据弹性元件受力变形的原理,将被测压力转换成弹性元件的位移或力进行测量。常用的弹性元件有弹簧管、弹性膜片和波纹管。

(3)**电气式压力测量**

该方法是利用敏感元件将被测压力直接转换成各种电量进行测量,如电阻、电容量、电流及电压等。

(4)**活塞式压力测量**

该方法是根据液压机液体传送压力的原理,将被测压力转换成活塞面积上所加平衡砝码的重力进行测量。它普遍被用作标准仪器对压力测量仪表进行检定,如压力校验台。

在工业生产过程中,常使用弹性式压力仪表进行就地显示,使用电气式压力仪表进行压力信号的远传。

压力表的校验主要采用两种方法:比较法和重量法。比较法是将被校压力计(被校表)与标准压力计(标准表)在压力表校验台上产生的某一定值的压力或某一负压下进行比较。重量法是被校表与活塞压力计上的标准砝码在活塞缸内的压力下进行比较。前者用来校验精度在1级以下的各种工业用仪表,后者用来校验精度在0.5级以上的各种标准表。

校验就是将被校验压力表和标准压力表通以相同压力,比较它们的指示数值,如果被校表对于标准表的读数误差,不大于被校表规定的最大准许绝对误差时,则认为被校表合格。

常用的校验仪器是活塞式压力计,由压力发生部分和测量部分组成。其精度等级有0.02,0.05和0.2级,可用来校准0.25级精密压力表,也可校准各种工业用压力表,被校压力的最高值为60 MPa。活塞式压力计的结构如图3.1所示。

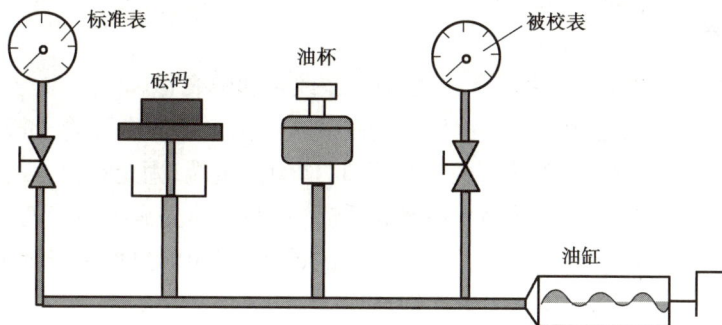

图 3.1 活塞式压力计的结构

3.1.4 弹性式压力测量

弹性式压力测量是利用弹性元件作为压力敏感元件将压力信号转换成弹性元件的位移或力的一种测量方法。该方法只能测量表压和负压,通过传动机构直接对被测的压力进行就地指示。为了将压力信号远传,弹性元件常和其他转换元件一起使用组成各种压力传感器。

弹性式压力测量法具有结构简单、使用方便、价格低廉、应用范围广、测量范围宽等特点,因此,在工业生产中使用十分普遍。但是基于弹性元件的各种压力测量共同特点只能测量静态压力。

(1)弹性元件的测量原理

弹性元件的测量原理是弹性元件在弹性限度内受压后产生的变形,变形的大小与被测压力成正比。

弹性元件受压力作用后通过受压面表现为力的作用,假设被测压力为 p_x,力为 F,其大小为

$$F = Ap_x$$

式中 A——弹性元件承受压力的有效面积。

根据虎克定律,弹性元件在弹性限度内形变 x 与所受外力 F 成正比,即

$$F = Kx$$

式中 K——弹性元件的刚度系数;

x——弹性元件在受到外力 F 作用下所产生的位移(即形变)。

因此,当弹性元件所受压力为 p_x 时,其位移量为

$$x = \frac{F}{K} = \frac{A}{K}p_x$$

其中,弹性元件的有效面积 A 和刚度系数 K 与弹性元件的性能、加工过程和热处理等有较大关系。当位移量较小时,它们均可近似看作常数,压力与位移呈线性关系。比值 $\frac{A}{K}$ 的大小决定了弹性元件的压力测量范围,一般地,$\frac{A}{K}$ 越小,可测压力就越大。

（2）弹性元件

用作压力测量的弹性元件主要有弹性膜片、波纹管和弹簧管。

弹簧管又称波登管，是用一根横截面呈椭圆形或扁圆形的非圆形管子弯成圆弧形状而制成的，其中心角常为270°。弹簧管的一端开口，作为固定端，固定在仪表的基座上。另一端封闭，作为自由端。当由固定端通入被测介质时，被测介质充满弹簧管的整个内腔，弹簧管因承受内压，其截面形状趋于变圆并伴有伸直的趋势，封闭的自由端产生位移，其中心角改变，该位移的大小与被测介质压力成比例。

自由端的位移可以通过传动机构带动指针转动，直接指示被测压力，也可以配合适当的转换元件，如霍尔元件和电感线圈中的衔铁把弹簧管自由端的位移变换成电信号（霍尔电势、线圈的电感量的变化）输出。

单圈弹簧管受压力作用后，中心角的变化量一般较小，灵敏度较低。在实际测量时，可采用多圈弹簧管来提高测量的灵敏度。

单圈弹簧管压力表的弹性元件是弹簧管，广泛用于测量对铜合金不起腐蚀作用的液体、气体和蒸汽的压力，其结构如图3.2所示。

被测压力由接头输入，弹簧管因承受压力而使自由端产生一定的直线位移，通过拉杆使扇形齿轮作逆时针偏转，于是指针通过同轴的中心齿轮带动而作顺时针偏转，在表盘面板的刻度标尺上显示出被测压力的数值。

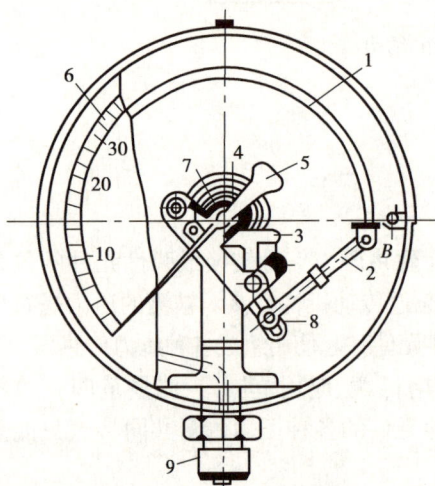

图3.2 弹簧管压力表

1—弹簧管；2—拉杆；3—扇形齿轮；
4—中心齿轮；5—指针；6—面板；7—游丝；
8—调整螺钉；9—接头

其中，游丝是用来克服因扇形齿轮和中心齿轮之间存在的间隙所产生的仪表变差。压力表的量程调节是通过调节调整螺钉的位置，也就是改变机械传动的放大系数来实现的。

【任务实施】

（1）准备工器具及材料（表3.1）

表3.1 操作现场准备的工器具及材料

序号	设备名称	单位	型号或规格	数量
1	活塞式压力校验	台		1
2	被校压力表	个	1.5级	1

续表

序号	设备名称	单位	型号或规格	数量
3	标准表	个	0.5 级	1
4	活动扳手	把	8 寸、12 寸各一把	2
5	校验单	张		1

（2）操作步骤

1）压力表校准要求

①校准点一般不少于 5 点，应包括常用点。准确度等级低于 2.5 级的仪表，其校准点可以取 3 点，但必须包括常用点。

②仪表的基本误差，不应超过仪表的允许误差。

③仪表的回程误差，不应超过仪表的允许误差的绝对值。

④仪表的轻敲位移，不应超过仪表允许误差绝对值的 1/2。

2）压力表校验步骤

①准备工作：选取标准表，标准表的测量上限一般应不低于被校表测量上限，标准表的允许误差应不大于被校表允许误差的 1/3，或者标准压力表比被校压力表高两个精确度等级。

②确定校验点：对于 1.0,1.5,2.0,2.5 精确度等级的压力表，可在 5 个刻度点上进行校验。对于 0.5 级和更高精确度等级的压力表，应取全刻度标尺上均匀分布的 10 个刻度点进行校验。

③校验步骤如下：

a. 检查压力表校验器连接接头垫片的良好情况，安装好并用扳手拧紧标准表和被校表。

b. 调节地脚螺钉，使水准泡位于正中。

c. 开启油杯上的针形阀，注入变压器油。逆时针旋转手轮，将油吸入手摇泵内。顺时针旋转手轮，将油压入油杯，观察是否有小气泡从油杯中升起，若有，逆时针旋转手轮，再顺时针旋转手轮，反复操作，直到不出现气泡为止。

d. 零点检查，将进油阀和油杯全打开，观看指针是否在零位。

e. 密封性实验，关紧油杯上的针形阀，打开两表下的针形阀，顺时针旋转手轮，平稳地升压，使压力上升到被校表的最大压力，其指针应在刻度的终点。在上述最大压力下保持 5 ~ 10 min，仪表示值应不下降，否则应检查泄漏处。

f. 刻度校验，以被校表的校验点为准。加压，直到被校压力表指示第一个压力校验点，停止升压（不能超过再降下来），读标准压力表指示值。然后逐一升压、逐一记录，直到被校表达到量程上限，正行程校完后，逆时针旋转手轮，均匀降至零压，平稳地降压进行下行程校验。

g. 实验中观察指示有无跳动、停止、卡塞现象。求出被校压力表的基本误差、变差和轻敲位移。

【任务评价】

弹簧管压力表校验任务评价表

任务 名称		弹簧管压力表校验				
姓名			学号			
序号	评分项目	评分内容及要求	评分标准	扣分	得分	备注
1	预备工作 （10分）	1. 校验台、被校表、标准表、扳手等工器具准备 2. 校验单、纸和笔等备品备件准备	1. 工器具等不符合校验要求，每缺一项扣2分 2. 备品备件每少一样，扣2分			
2	安装标准表和被检表（10分）	1. 标准表安装在左接头 2. 被校表安装在右接头，安装牢固，无渗油	1. 临时借用工具，扣2分 2. 安装不牢固，接头有渗油现象，扣5分			
3	校验点选择 （10分）	1. 记录标准表、被校表的量程、型号、精度 2. 确定各个校验点	1. 量程、型号、精度信息记录不全或不准，扣2分 2. 校验点选择不正确，扣3分			
4	水平调整与系统严密性检查 （10分）	缓慢升压至被校表满量程，作系统严密性检查；使用液体为工作介质进行系统排气操作	1. 水平未调、操作不规范，扣2分 2. 严密性检查时间与压力下降值错误，扣5分			
5	正行程校验 （20分）	1. 缓慢升压至被校表各检定点进行逐点校验 2. 读数和记录方法正确	1. 操作不规范，扣2～10分 2. 读数和记录方法不正确，扣5分			
6	反行程校验 （20分）	1. 缓慢降压至被校表各检定点进行逐点校验 2. 读数和记录方法正确	1. 操作不规范，扣2～10分 2. 读数和记录方法不正确，扣5分			
7	校验结果计算 （10分）	1. 对校验的数据进行计算变送器的误差 2. 得出正确的结论	1. 计算方法不正确，扣10分 2. 结论不正确，扣5分			
8	综合素质 （10分）	1. 着装整齐，精神饱满 2. 现场组织有序，工作人员之间配合良好 3. 独立完成相关工作 4. 执行工作任务时，不大声喊叫 5. 不违反仪表校验规定及相关规程 6. 现场清理干净，无遗留物				
总分（100分）						
试验开始时间 结束时间		时　　分 时　　分		实际时间 　时　　分		
教师						

任务 3.2　压力变送器校验

【任务目标】

1. 了解智能数字压力校验仪、智能压力变送器的结构及原理。
2. 能按规范完成台式气压压力泵校验的接线。
3. 能按规范步骤进行正、反行程校验操作及读数。
4. 能对校验数据进行计算,得出正确的结论。

【任务描述】

在康斯特 CST1023 台式气压压力泵平台上,独立完成智能压力变送器与数字显示仪表的连线,按照规范步骤完成正、反行程校验、读数和计算,得出正确的结论。

【相关知识】

3.2.1　电容式压力测量

压力和差压变送器作为过程控制系统的检测变换部分,将液体、气体或蒸汽的差压(压力)、流量、液位等工艺参数转换成统一的标准信号(如 DC 4 ~ 20 mA 电流),作为显示仪表、运算器和调节器的输入信号,以实现生产过程的连续检测和自动控制。

电容式压力测量的原理是把被测压力信号变化转换成电容量的变化,目前广泛采用的是以测压弹性膜片作为可变电容器的动极板,它与固定极板之间形成一可变电容器。被测压力作用在弹性膜片上,当被测压力发生变化、弹性膜片产生位移时,使电容器的可动极板与固定极板之间的距离发生改变,从而改变电容器的电容值,通过测量电容的变化量可间接获得被测压力的大小。

差动电容式压力变送器由测量部分和转换放大电路组成,如图 3.3 所示。

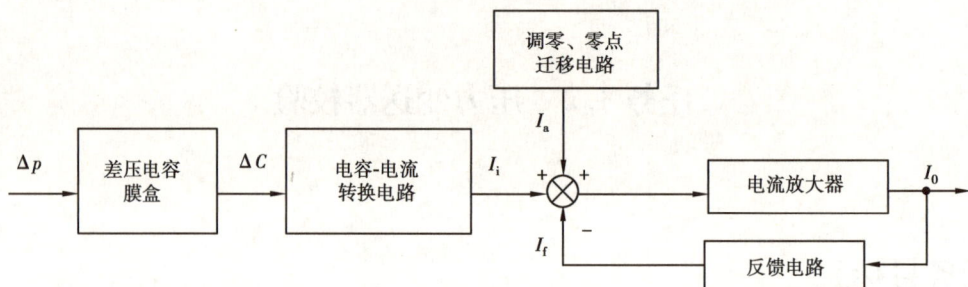

图 3.3　测量转换电路

（1）电容式压力变送器测量原理

电容式传感器是目前应用非常广泛的一种压力/差压测量传感器。其工作原理如图 3.4 所示。电容式传感器采用全密封电容感测元件 δ 室,直接感受压力。被测压力作用在两侧的隔离膜片上,并通过充满 δ 室的硅油将压力均匀地传给中心测量膜片,中心测量膜片是一个张紧的弹性元件,该膜片作为差动式电容的动极板,定极板是在绝缘体的球形凹表面上镀一层金属薄膜而成的。当被测压差发生变化、中心测量膜片产生变形位移时,位移量与差压成正比,此位移转变为电容极板上形成的差动电容,并由其两侧的电容固定极板检测出来。

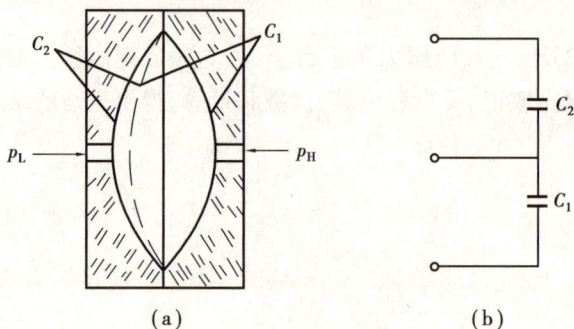

图 3.4　差动电容结构

（2）转换原理

被测压力经 δ 室转换后的差动电容可以通过转换电路转换成二线制 $4 \sim 20$ mA DC 输出信号。

被测压力和差动电容之间的转换关系为

$$\frac{C_2 - C_1}{C_2 + C_1} = K_1 p$$

式中　p——被测压力/差压;

　　　K_1——常数;

　　　C_1——高压侧极板和传感膜片之间的电容;

　　　C_2——低压侧极板和传感膜片之间的电容。

转换电路输出的电流信号与两电容值的差和比成比例,即

$$I_i = K_2 \frac{C_2 - C_1}{C_2 + C_1} = Kp$$

压力变送器输出的电流信号与被测压力/差压之间呈线性关系。由于电容式压力测量的测量范围宽,准确度高,灵敏度也高,过载能力强,尤其适应测高静压下的微小差压变化。

（3）**测量范围、上下限及量程**

每个用于测量的变送器都有测量范围,它是该仪表按规定的精度进行测量的被测变量范围。测量范围的最小值和最大值分别称为测量下限（LRV）和测量上限（URV）,简称下限和上限。

变送器的量程可用来表示其测量范围的大小,是测量上限值与下限值的代数差,即

量程 = 测量上限值 − 测量下限值

使用下限与上限可完全表示变送器的测量范围,也可确定其量程。如一个温度变送器的下限值是 − 20 ℃,上限值是 180 ℃,则其测量范围可表示为 − 20 ～ 180 ℃,量程为 200 ℃。由此可见,给出变送器的测量范围便知其上下限及量程,反之,只给出变送器的量程,却无法确定其上下限及测量范围。

变送器测量范围的另一种表示方法是给出变送器的零点（即测量下限值）及量程。由前面的分析可知,只要变送器的零点和量程确定了,其测量范围也就确定了。因而这是一种更为常用的变送器测量范围的表示方式。

（4）**零点迁移和量程调整**

在实际使用中,由于测量要求或测量条件的变化,需要改变变送器的零点或量程,为此可对变送器进行零点迁移和量程调整。量程调整的目的是使变送器的输出信号的上限值 y_{max} 与测量范围的上限值 x_{max} 相对应。图 3.5 为变送器量程调整前后的输入输出特性。

由图可知,量程调整相当于改变了变送器输入输出特性的斜率,由特性 1 到特性 2 的调整为量程增大调整;反之,由特性 2 到特性 1 的调整为量程减小调整。

在实际测量中,为了正确选择变送器的量程大小,提高测量准确度,常常需要将测量的起点迁移到某一数值（正值或负值）,这就是所谓的零点迁移。在未加迁移时,测量起始点为零;当测量的起始点由零变为某一正值时,称为正迁移;反之,当测量的起始点

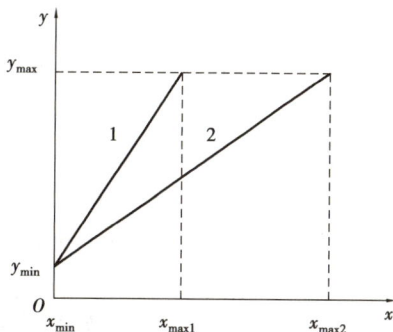

图 3.5　变送器上限调整

由零变为某一负值时,称为负迁移。零点调整和零点迁移的目的,都是使变送器输出信号的下限值 y_{min} 与测量信号的下限值 x_{min} 相对应。在 $x_{min} = 0$ 时,为零点调整;在 $x_{min} \neq 0$ 时,为零点迁移。

图 3.6 为变送器零点迁移前后的输入输出特性。由图可知,零点迁移后变送器的输入-输出特性沿 x 坐标向右或向左平移一段距离,其斜率并没有改变,即变送器的量程不变。若采用零点迁移,再辅以量程压缩,可以提高仪表的测量精确度和灵敏度。

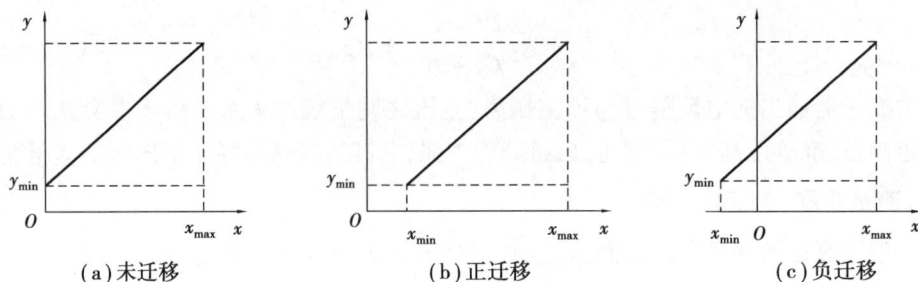

图3.6　变送器零点迁移

　　零点正、负迁移是指变送器零点的可调范围,但它和零点调整是不一样的。零点调整是在变送器输入信号为零,而输出不为零(下限)时的调整;而零点正、负迁移,是在变送器的输入不为零时,输出调至零(下限)的调整。如果差压变送器的低压引入口有输入压力,高压引入口没有,则将输出调至零(下限)时的调整,称为负迁移;如果差压变送器的高压引入口有输入压力,低压引入口没有,则将输出调至零(下限)的调整,称为正迁移。由于迁移是在变送器有输入时的零点调整,因此,迁移量是以能迁移多少输入信号来表示或以测量范围的百分之多少来表示的。

　　由于同一台变送器,其使用范围有大有小,因此,迁移量也随之有大有小。

　　大多数厂家生产的变送器,迁移量都是以最大量程的百分数来表示的。例如,有的变送器零点正负迁移为最大量程的 ±100%,这就是说,如果变送器的测量范围为 0~31.1 kPa 至 0~186.8 kPa,则当变送器高压或低压引入口通 0~186.8 kPa 范围内的任意压力时,其零点都可以迁到 4 mA。不过高压引入口通 186.8 kPa 的压力已经是测量范围上限了,再通就是超压,将零点调成 DC 4 mA 不是不可能,但已毫无意义,所以一般还补充一句,零点迁移量与使用量程之和不能超过测量范围的限值,即

$$\Delta p_z + \Delta p_s \leqslant \Delta p_h$$

式中　　Δp_z——迁移量;

　　　　Δp_s——使用量程;

　　　　Δp_h——最大量程。

　　如果使用量程为 186.8 kPa,则零点正迁移量为

$$\Delta p_z = \Delta p_h - \Delta p_s = 186.8\ kPa - 186.8\ kPa = 0\ kPa$$

即不能迁移。

　　但若使用量程为 62.3 kPa,则零点正迁移量为

$$\Delta p_z \leqslant 186.8\ kPa - 62.3\ kPa = 124.5\ kPa$$

　　对负迁移来说,没有这一限制,因为它是负压引入口压力,所以不管通 0~186.8 kPa 范围内的多大压力,零点迁移量加上使用差压,都不会超过测量范围的限值。

　　(5)量程比

　　量程比是指变送器的最大测量范围和最小测量范围之比,这也是一个很重要的指标。变送器所使用的测量范围和操作条件是经常变化的,如果变送器的量程比大,则它的调节余地就大。变送器可根据工艺需要,随时更改使用范围,给使用者带来方便。使用者可以不需

更换仪表,不需拆卸和重新安装,只需改变量程即可。对智能仪表来说,只要在手持终端上再设定一下。这样,库里的备品数量可以大为减少,计划管理等工作也会简单得多。

从最简单的位移式差压计到目前的智能变送器,量程比是在不断地增加,这说明技术的进步。但要注意的是,当量程比达到一定数值(如10)以后,它的其他技术指标如精度、静压、单向性能都会变坏,到了某个值后(如40),虽然还可使用,但其性能已经降低。一般情况下,量程比越大,测量精度就越低。

(6)四线制与二线制

变送器大都安装在现场,其输出信号送至控制室中,而它的供电又来自控制室。变送器的信号传送和供电方式通常有四线制和二线制两种。

1)四线制

供电电源与输出信号分别用两根导线传输,其接线方式如图3.7所示,这样的变送器称为四线制变送器。由于电源与信号分别传送,因此对电流信号的零点及元件的功耗没有严格要求。供电电源可以是交流(220 V)电源或直流(24 V)电源,输出信号可以是死零点(0 ~ 10 mA)或活零点(4 ~ 20 mA)。

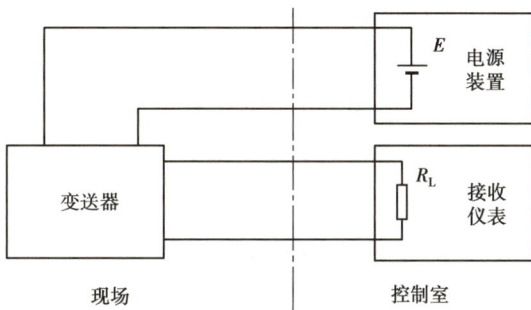

图 3.7   四线制传输

2)二线制

对于二线制变送器,同变送器连接的导线只有两根,这两根导线同时传输供电电源和输出信号,如图3.8所示。可见,电源、变送器和负载电阻是串联的。二线制变送器相当于一个可变电阻,其阻值由被测参数控制。当被测参数改变时,变送器的等效电阻随之变化,因此流过负载的电流也随之变化。

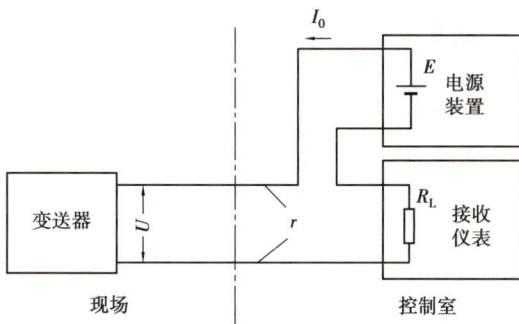

图 3.8   二线制传输

二线制变送器必须满足以下条件：

①变送器的正常工作电流，必须等于或小于信号电流的最小值 I_{0min}，即

$$I \leqslant I_{0min}$$

由于电源线和信号线公用，电源供给变送器的功率是通过信号电流提供的。在变送器输出电流为下限值时，应保证其内部的半导体器件仍能正常工作。因此，信号电流的下限值不能过低。因为在变送器输出电流的下限值时，半导体器件必须有正常的静态工作点，需要由电源供给正常工作的功率，所以，信号电流必须有活零点。国际统一电流信号采用 DC 4～20 mA，为制作二线制变送器创造了条件。

②变送器能够正常工作的电压条件。

$$U \leqslant E_{min} - I_{0max}(R_{Lmax} + r)$$

式中　U——变送器输出端电压；

　　　E_{min}——电源电压的最小值；

　　　I_{0max}——输出电流的上限值，通常为 20 mA；

　　　R_{Lmax}——变送器的最大负载电阻值；

　　　r——连接导线的电阻值。

二线制变送器必须采用直流单电源供电。所谓单电源是指以零电位为起始点的电源，而不是与零电压对称的正负电源。变送器的输出端电压 U 等于电源电压与输出电流在 R_L 及传输导线电阻 r 上的电压降之差。为保证变送器正常工作，输出端电压值只能在限定的范围内变化。如果负载电阻增加，电源电压就需增大；反之，电源电压可以减小；如果电源电压减小，负载电阻就需减小；反之，负载电阻可以增加。

③变送器能够正常工作的最小有效功率。

$$P < I_{0min}(E_{min} - I_{0min}R_{Lmax})$$

由于二线制变送器供电功率很小，同时负载电压随输出电流及负载阻值变化而大幅度变化，导致线路各部分工作电压大幅度变化。因此，制作二线制变送器时，要求采用低功耗集成运算放大器和设置性能良好的稳压、稳流环节。

二线制变送器的优点有很多，可大大减少装置的安装费用，有利于安全防爆等。因此，目前世界各国大都采用二线制变送器。

(7)静压和单向过压特性

1)静压特性

静压是指差压变送器的工作压力，通常比差压输入信号大得多。按理说，差压变送器的输出只和输入差压有关，和变送器的工作压力无关，但由于设计、加工、装配等诸多因素，变送器的零点和量程是随着静压的变化而变化的。变送器的静压指标就是指这种变化的允许范围。这里有以下两点需要说明：

①不同使用范围的变送器，其输出受静压的影响是不一样的，量程范围大，受静压变化

的影响小;反之,则影响大。制造厂为了使自己生产的仪表有较高的技术指标,所以不管用户使用在多大测量范围,静压指标总是以在最大量程下,零点和量程的变化多少来确定的。

②变送器的静压可以是正压,也可以是负压。正压有限值,例如最高为 16,40 MPa;负压也有限值,如 -0.1 MPa,但不能绝对真空。我们说变送器的静压,通常只说它的上限压力,下限压力似乎认为没有规定,其实这是不对的。变送器在绝对真空下,膜盒内的硅油会汽化,会损坏仪表,所以也有规定。

2)单向过压特性

单向过压即单向超载,它是指差压变送器的一侧受压,另一侧不受压。在变送器和节流装置配套使用的过程中,由于操作不慎,有时会发生一侧导压管阀门开着,另一侧关闭,因此变送器静压是多少压力,单向过压也是多少压力。

对一般仪表,信号压力只能比额定压力稍大一些,例如大 30%、大 50%,但对差压变送器来说,单向超载的压力不是比信号压力稍大一些,而是大几倍、几十倍甚至上百倍。在这种情况下,变送器应不受影响,其零点漂移也必须在允许范围内,这就是差压变送器独特的单向特性。

最早的差压计是不耐单向过压的,但是现在的变送器单向过压指标定得很高,单向对仪表的各种性能基本上没有什么影响。例如,日本横河的 EJA 系列差压变送器使用时可以不装平衡阀。单向过压时间也不作规定,但从使用角度看,不装平衡阀是不方便的。

(8)稳定性

稳定性是变送器的又一项重要技术指标,从某种意义上讲,它比变送器的精度还重要。稳定性误差是指在规定的工作条件下,输入保持恒定时,输出在规定时间内保持不变的能力。稳定性 ±0.1% URV/6 个月表示:在 6 个月内,仪表的零点变化不超过测量范围上限的 ±0.1%。注意这里说的是测量范围上限,不是使用范围。例如,某变送器的测量范围为 0~2 kPa 至 0~100 kPa,如果使用范围为 0~10 kPa,那么它的稳定性就不是 ±0.1%,而是 ±1%;所以在看仪表的误差时,一定要看它是对哪个范围而言。

3.2.2　CST1023 台式气压压力泵

CST1023 台式气压压力泵主要用于校验压力(差压)变送器、精密压力表、普通压力表、其他压力仪器仪表,该压力泵主要用于提供稳定且能够产生高压气体及负压的气压压力源。其压力范围包括真空和正压两种,真空范围为 -0.095~0 MPa(标准大气压下),正压为 0~6.0 MPa。其结构如图 3.9 所示。

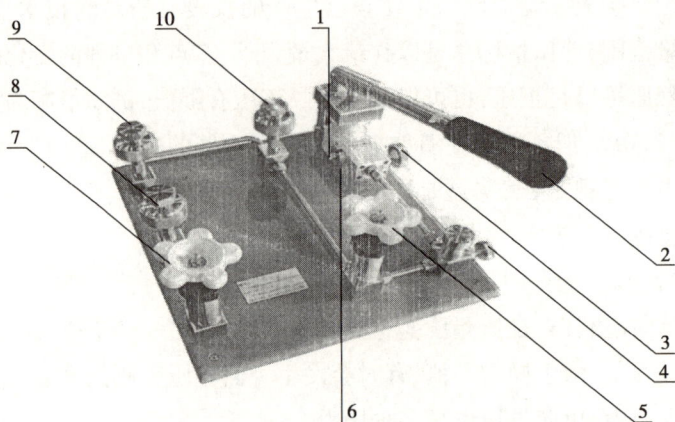

图 3.9　GST1023 气压压力泵结构图

1—压力、真空转换手柄;2—加压杠杆;3—压力截止阀;

4—卸压阀;5—增、减压手柄;6—压力、真空转换挡块;

7—增、减压手柄;8,9,10—快接内螺纹接头

【任务实施】

(1)准备的工器具及材料(表3.2)

表 3.2　操作现场准备的工器具及材料

序号	设备名称	单位	型号或规格	数量
1	台式气压压力泵	台	CST1023	1
2	精密数字校验仪	个	CST1023;0.05 级	1
3	压力变送器	个	3051 智能型;0.1 级	1
4	连接线	根	电源线、信号线	2
5	校验单	张		1

(2)操作步骤

1)正压压力仪表升压过程校验

①将标准压力仪表和被校压力仪表连接到快接头"8""9"和"10"中(最多可检定两块被检压力仪表)。如果只检定一块被检压力仪表,需将这 3 个快接头中的一个用本产品提供的封口螺母拧紧。校验时,必须将连接的仪表完全拧紧,以防使用时泄露,确保使用者安全。

②将压力真空转换手柄"1"向左拉出(即"＋"方向,出厂时已设置为正压状态,且加有挡块"6",以免误操作),使压力泵处于压力输出状态(绝不允许压力泵处于压力输出状态,且系统有压力的情况下,将压力、真空转换手柄"1"向右按下)。顺时针旋转卸压阀"4"(不能过分用力,以免损伤密封面),使其完全关闭。

③将手柄"5"和"7"逆时针旋转退到最大行程位置。

④将压力截止阀门"3"逆时针旋转打开,轻轻操作加压杠杆"2",压力会逐渐上升,逼近所需压力后停止加压(注意不要使压力超过标准压力仪表或被检压力仪表的量程上限)。

⑤将压力介质阀门"3"顺时针旋转完全关闭(不要用力太大,以防损伤阀门)。使用手柄"5"或"7"精细调节压力,直到调节到所需的压力(注意:压力微调顺时针调节时增加压力,逆时针调节时减少压力)。重复步骤4和步骤5的操作,逐点检测,当系统压力达到4 MPa 时,杠杆加压比较困难,可用手柄"5"及"7"加压至 6 MPa,直到升压检定过程结束。

2)正压压力仪表降压过程校验

①升压检定过程结束后,小心、缓慢地逆时针旋转卸压阀"4",使其微微打开,缓慢地卸去压力。当逼近到达所需压力值后,迅速顺时针关闭卸压阀"4"。

②使用手柄"5"和"7",调节到所需的压力值即可。

③重复步骤1和步骤2的操作,逐点检定,直到降压检定过程结束。

3)真空仪表的校验

首先,要确保压力泵系统无任何压力。

①将挡块"6"拿开后,将压力真空转换手柄"1"向右推入("－"位置),使压力泵处于真空输出状态(切记,压力泵系统无任何压力,否则,有可能使换向阀密封圈损坏,不能正常工作)。

②顺时针旋转卸压阀"4",使其完全关闭。

③将压力截止阀门"3"逆时针旋转打开,轻轻操作加压杠杆"2",会逐渐产生真空,逼近所需的真空检定点后,停止操作加压杠杆,并迅速将压力截止阀门"3"顺时针旋转使其完全关闭(不要用力太大,以防损伤阀门)。

④使用手柄"5"或"7",进行精细调节,直到调节到所需的真空检定点。

⑤重复步骤3和步骤4的操作,逐点检定,直到真空正行程检定过程结束。

⑥当真空正行程各检定点的检定工作完成后,进行真空反行程检定。缓慢打开卸压阀"4",使空气通过卸压阀缓慢流入管道系统内。当仪表示值逼近所需检定点时,迅速顺时针关闭卸压阀"4"。

⑦用压力手柄"5"或"7"进行精密调节,直到达到所需的检定点。

⑧重复步骤6和步骤7的操作,逐点检定,直到真空反行程检定过程结束。

【任务评价】

压力变送器校验任务评价表

任务名称	压力变送器校验						
姓名				学号			
序号	评分项目	评分内容及要求	评分标准		扣分	得分	备注
1	预备工作 (10分)	1. 校验台、连接线、数字校验仪、压力变送器等工器具准备 2. 校验单、纸笔等备品备件准备	1. 工器具等不符合校验要求,每缺一项扣2分 2. 备品备件每少一样,扣2分				
2	校验点选择 (10分)	1. 记录标准表、被校表的量程、型号、精度,并计算运行误差 2. 确定校验点	1. 量程、型号、精度信息记录不全或不准,扣2分 2. 校验点选择不正确,扣5分				
3	设备连接 (10分)	连接数显表与智能变送器的"+""-"端,要求连接规范、正确	1. 连接操作不规范,扣2分 2. 连接错误,扣5分				
4	接通电源,开机(10分)	操作智能数字压力校验仪,实现变送器和数字校验仪的正确显示	1. 开机操作不规范,扣2分 2. 未正常显示,扣5分				
5	密封性检查,被校变送器零点和量程检查、调整(10分)	1. 加压试验,检查系统的密封性 2. 检查变送器的零点和量程是否显示正确	1. 未进行密封性检查,扣3分 2. 未检查零点和量程,扣3分				
6	压力变送器正、反行程校验 (30分)	1. 缓慢加压(降压)至被检表各检定点进行逐点校验 2. 读数和记录方法正确	1. 操作不规范,扣2~10分 2. 读数和记录方法不正确,扣5分				
7	校验结果计算 (10分)	1. 对校验的数据进行计算变送器的误差 2. 得出正确的结论	1. 计算方法不正确,扣10分 2. 结论不正确,扣5分				
8	综合素质 (10分)	1. 着装整齐,精神饱满 2. 现场组织有序,工作人员之间配合良好 3. 独立完成相关工作 4. 执行工作任务时,不大声喊叫 5. 不违反仪表校验规定及相关规程 6. 现场清理干净、无遗留物					
	总分(100分)						
试验开始时间 时 分 结束时间 时 分					实际时间 时 分		
	教师						

情境 4 液位测量及应用

【情境描述】

利用压力变送器和液位变送器实现水箱液位的测量;以水箱液位刻度值为标准值,完成对液位变送器的校验,同时与压力变送器测量结果转换值进行比对,进而使学生了解液位测量原理,掌握液位测量仪表的校验方法和步骤;并将液位变送器与仿真控制系统相连,完成控制系统模拟量信号输入通道的调试并实现对水箱液位的控制,以此理解液位测量在电厂中的具体应用。

【情境目标】

1. 掌握液位变送器原理、结构、性能及使用方法。
2. 能分析液位测量产生误差的原因。
3. 能用液位变送器测量液位。
4. 会校验液位变送器。
5. 能调试模拟量的输入通道。
6. 理解液位测量在电厂中的应用。

任务 4.1 液位变送器校验

【任务目标】

1. 了解液位传感器的工作原理及结构。
2. 学习如何安装和使用压力传感器、液位传感器。

3.掌握液位变送器的零点、量程的调整方法。

4.学习传感器、数字转换仪表的连接和参数设置。

5.学习用液位计和电磁阀一起控制液位的原理及应用。

【任务描述】

以天煌 THJ-4 过程控制模拟被控对象和 DCS 控制系统为平台,实现水箱液位测量及水位变送器校验。

1.系统接线。

2.液位变送器校验与零点、量程调整。

3.校验液位变送器。

【相关知识】

在生产过程中,常常遇到大量的液体物料和固体物料,它们占有一定的体积,堆成一定的高度。将生产过程中的罐、塔、槽等容器中存放的液体表面位置称为液位;将料斗、堆场仓库等储存的固体块、颗粒、粉粒等的堆积高度和表面位置称为料位;两种互不相溶的物质的界面位置称为界位。液位、料位及界位总称为物位。

通过对物位的测量,不仅可以确定容器中被测介质的存储量,以保证生产中各个环节连续供应所需的物料或进行经济核算,而且监测物位是否在规定的范围内,以便使生产过程正常进行,保证产品的质量、产量和生产安全。

物位测量是利用物位传感器将非电量的物位参数转换成可测量的电信号,通过对电信号的计算和处理,可以确定物位的高低。

物位传感器可分为两类:一类是连续测量物位变化的连续式物位传感器;另一类是以点测为目的的开关式物位传感器,即物位开关,它主要用于过程自动控制的门限、溢流和空转防止等。连续式物位传感器主要用于连续控制和多点报警系统中。

4.1.1　物位测量的主要方法和分类

在工业生产中,被测介质的特性千差万别,物位测量的方法很多以适应各种不同的测量要求,可将它们归纳为以下几个测量原理:

(1)基于力学原理

敏感元件所受到的力(压力)的大小与物位成正比,它包括静压式、浮力式和重锤式物位测量等。

1）静压式物位测量

静压式物位测量是根据流体静力学原理,液体内某一点的压力与其所在位置的深度有关,因此可用静压力表示液位,如连通器式、压差式和压力式等。

2）浮力式液位测量

浮力式液位测量是根据浮在液面上的浮球或浮标随液位的高低而产生上下位移,或浸于液体中的浮筒随液位变化而引起浮力的变化的原理来测量的。前者一般称为恒浮力式测量,后者称为变浮力式测量。

3）重锤式物位测量

重锤式物位测量是利用测量重锤从仓顶到料面的距离来测量料位的。

（2）**基于相对变化原理**

当物位变化时,物位与容器底部或顶部的距离发生改变,通过测量距离的相对变化可获得物位的信息。这是一种非接触式的物位测量方法,这种测量原理包括声学法、微波法和光学法等。

1）声学式物位测量

声学式物位测量是利用超声波在一定状态介质中的传播具有一定速度的特性,当声源与物位(分界面)的距离变化时,回声的时间(从发射到接收超声波的时间间隔)也要改变。根据回声的时间变化就可测量出物位的变化。

2）微波式物位测量

微波式物位测量是利用回声测量距离的原理工作的。

3）激光式物位测量

激光式物位测量与超声波类似。

（3）**基于某强度性物理量随物位的升高而增加的原理**

1）核辐射式物位测量

核辐射式物位测量是利用核辐射线穿透物体的能力以及物质对放射性射线的吸收特性进行测量的。目前在物位测量中,一般都采用穿透能力强的 γ 射线,其放射源采用^{60}Co,^{137}Cs 等同位素。

2）电气式物位测量

电气式物位测量是利用敏感元件直接把物位变化转换为电量参数的变化。根据电量参数的不同,可分为电阻式、电感式和电容式等。目前电容式最为常见。

在上述介绍的物位测量技术中,静压式、浮力式只用于液位的测量,重锤式只用于粉状料位的测量,其余的既可用于液位的测量,也可用于粉状料位的测量。其中,声学式、光学式、微波式及核辐射式属于非接触测量。

4.1.2　静压式液位测量

根据流体静力学原理,静止液体内某一点的静压力与其所在位置的深度有关,因此,可用静压力表示液位,如连通器式、压差式和压力式等。

(1)连通器式液位测量

连通器式液位测量是最简单的液位测量技术,根据连通器的原理,使用玻璃管直观地显示液位,但主要用于无压或低压力容器的液位测量。为了适应高压、腐蚀、远传等要求和便于读数,其变形结构有玻璃板式、云母片式、双色式、电接点式等。其中玻璃板式液位测量可用于中低压锅炉汽包水位的测量,云母片式液位测量可用于高压锅炉汽包水位的测量。连通器式液位测量具有较强的抗腐蚀性。但是玻璃板式、云母片式这两种液位测量的观察比较困难,所以人们又将二者的结构进行改进,辅以光学系统,观测者看到的汽水分界面是红绿两色的分界面,非常清晰,并且有利于用电视等方式远传,这就是双色水位测量。另有磁翻转双色液位计是以磁性浮子为感测元件,并通过磁性浮子与显示色柱中的磁性体的磁耦合作用,反映被测液位或界面的测量仪表。下面以电厂中的电接点为例对其原理进行简单介绍。

1)电接点水位测量

电接点水位测量是利用与受压容器相连通的测量筒上的电接点浸没在水中与裸露在蒸汽中的电导率的差异,通过指示灯来显示液位的。

电接点水位传感器如图4.1所示,它是一个带有若干个电接点的连通容器(测量筒壳)。连通容器的长度按水位测量范围决定,其直径主要考虑接点数目(保证开孔后有足够的强度);电接点通过绝缘子与连通容器金属壁绝缘,其数目应以满足运行中监视水位的要求确定,目前多为15,17和19个。接点之间在高度上的间距不是均匀的,在正常水位附近要密一些。电接点要能在高温高压下正常工作,温度剧变时不泄露,耐腐蚀,与筒壳有很好的绝缘。常用超纯氧化铝(用于高压炉)和聚四氟乙烯(用于中压炉)作绝缘材料。

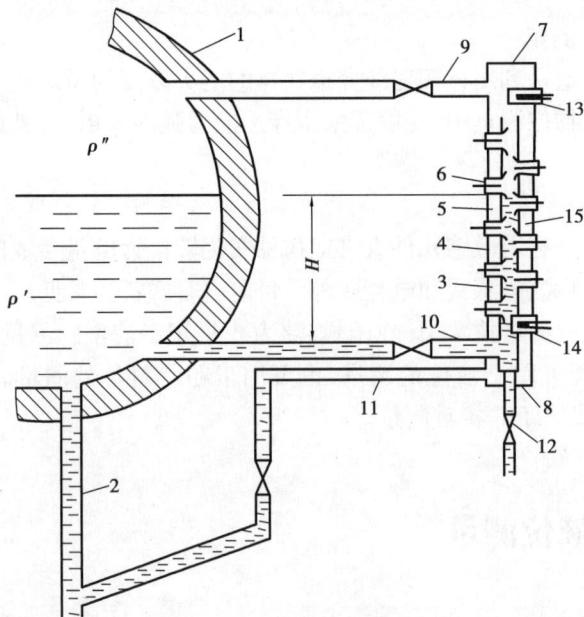

图4.1　电接点水位传感器

　　电接点水位测量的原理:连通容器通过汽水连通管将容器内的重力水位信号引出,未被水淹没的电接点因蒸汽电导率小而使所在电路处于高电阻(相当于开关断开),与它们相连的显示器不亮;被水淹没的电接点因水具有较大电导率而使所在电路处于低电阻(相当于开关闭合),与它们相连的显示器发亮,因此被水接通的电接点位置可表示水位。显示电接点已被接通(即水位位置)的方法有很多,最简单的如灯泡亮,也有用带放大器的发光二极管等。

　　电接点水位传感器的特点如下:

　　①传感器输出的是电信号,便于远传,避免使用导压管,可减小测量的迟延。

　　②传感器没有机械传动所产生的变差和刻度误差,简化了仪表的检修和调校。

　　③电接点水位传感器的输出信号变化带有阶跃性,接点之间的水位变化不能反映,有盲区,虽经合理布置接点能有所改善,但始终不是一个连续变化信号,不宜用作自动调节信号。

　　电接点水位传感器主要用于中温中压、高温高压锅炉汽包水位的监视与控制,也适用于高、低压加热器,除氧器,凝汽器以及水箱等水位的测量。

　　2)存在的问题

　　连通器式液位传感器存在以下问题:

　　①当液位测量传感器与被测容器的液体温度有差别时,液位传感器显示的液位不同于容器中的液位,此误差还会随容器内压力的改变而变化。为了减少和消除该项误差,常采用保温、加热、校正等手段。当用于测量汽包水位时,因散热使水位传感器中的水温低于饱和温度,因而水密度大于饱和水密度,这就造成了显示的水位低于汽包内的实际水位。如果要校正就必须知道水位传感器中水的平均密度,但该密度与当时的压力和水温、散热情况有关,所以不易确定。电厂运行中总结的经验为,在额定工况时,对于中压炉,实际水位应在水位传感器显示水位的基础上加 25 ~ 35 mm,高压炉则加 40 ~ 60 mm。具体值取大还是取小,要看水位传感器的保温情况等条件。

　　②所有连通器式液位传感器都会因散热引起误差。减少的办法是适当加粗气侧和水侧的连通导管,筒壳顶部不保温,增加凝结水量,筒壳其余部分保温以减少散热。当然也可加蒸汽加热套。

　　(2)压力式液位测量(敞口容器)

　　压力式液位测量是基于液位高度变化的,由液柱产生的静压也随之变化的原理。如图4.2 所示,A 代表实际液面,B 代表零液位,H 代表液柱高度,根据流体静力学原理可知,A,B 两点的压力差为

$$p = p_B - p_A = H\rho g$$

式中　p_A——容器中 A 点的静压,也即液面上方气体的压力;当被测对象为敞口容器时,则p_A 为大气压力;

　　　　p_B——容器中 B 点的静压,即 B 点的绝对压力;

　　　　p——容器中 A 点和 B 点的压力差,即 B 点的表压力。

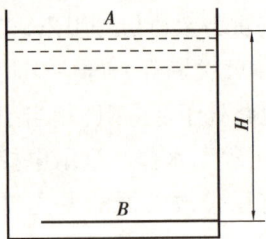

图 4.2 压力式液位测量原理

由式可知,当被测液体密度 ρ 为已知时,A,B 两点的压力差 p,即 B 点的表压力与液位高度 H 成正比,这样就把液位的测量转化为压力的测量。

由于被测对象为敞口容器,可直接用压力仪表对液位进行测量。其方法是将压力表通过引压导管与容器底侧零液位相连,压力指示值与液位高度满足上式关系。

应该注意的是,压力仪表实际指示的压力是液面至压力仪表入口之间的静压力,当压力仪表与取压点(零液位)不在同一水平位置时,应对其位置高度差而引起的固定压力进行修正,否则仪表指示值不能直接计算得到液位。

以上介绍的是就地式压力液位测量方法。此外,还可利用静压式液位传感器将液位信号转换为电信号进行远传。

静压式液位传感器是利用压力传感器配用陶瓷或薄膜敏感元件作为探头感受容器中 B 点的表压力,从而实现将容器的液位变化经压力传感器转换成电信号的变化,通过测量电路对电信号进行处理,从而测量出液位。

静压式液位传感器的敏感元件种类很多,如膜片型传感器。它是在感压膜片上粘贴应变片,由应变片组成惠斯通电桥,将液位的变化引起的压力变化以应变片电阻值变化的形式表现出来。测出应变片的电阻值,就能得知液位的高度。也可采用半导体膜盒结构,利用金属片承受液体压力,通过封入的硅油导压给半导体应变片进行液位测量。

由于固态压力传感器(压阻电桥式)性能的提高和微处理技术的发展,压力式物位传感器的应用越来越广。近年来,已研制出了体积小、温度范围宽、可靠性好、精度高的压力式物位传感器,同时,其应用范围也在不断地拓宽。压力式液位测量简单,但要求液体密度为定值,否则会引起误差。

(3)差压式液位测量(密闭容器)

如果被测对象为密闭容器时,容器下部的液体压力除与液位高度有关外,还与液面上部介质压力有关。此时,应采用下面介绍的差压测量方法来获得液位。

差压式液位测量的原理同上面介绍的压力式液位测量,只是把 p_A 理解为液面上方气体的压力不等于大气压力。

差压式液位测量最简单的实现方法是在直接通过引压导管与液位上方和容器底侧零液位相连,并将两根引压管道直接通入差压式仪表,如图 4.3 所示。差压仪表的指示值与液位高度呈线性关系。

差压式液位测量在电厂应用广泛,一般要测量汽包水位、凝汽器热水井水位、各种水箱水位、储油罐和油箱油位等。但由于被测对象的复杂性常用的是平衡容器,下面将对平衡容器作详细介绍。

利用平衡容器的差压式液位传感器的原理,在容器上安装平

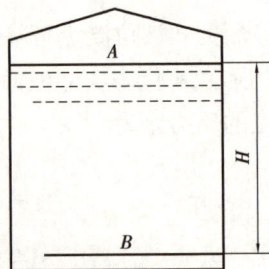

图 4.3 密闭容器压力式液位测量原理

衡容器,利用液体静力学原理使液位转换成差压,用导压管将差压信号传至显示仪表,显示仪表指示出容器的液位。受压容器的液位测量,根据测量准确度的要求不同,可选用下列几种平衡容器:

①单室平衡容器。

单室平衡容器测量水位的原理如图4.4所示。受压容器内的蒸汽注入平衡容器内凝结成水,并由于溢流而保持一个恒定水位。差压传感器的正压头从平衡容器引出,由于平衡容器有恒定水柱而维持不变,负压管与受压容器水侧连通,输出的负压头则随受压容器水位的变化而变化。差压传感器的输出也随受压容器水位的变化而变化。

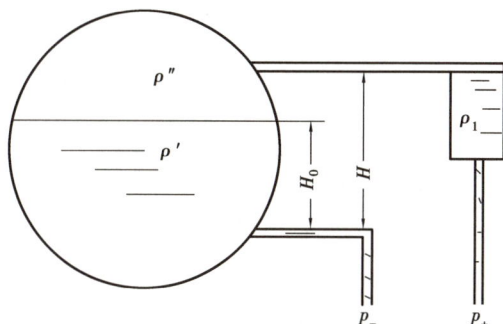

图4.4 单室平衡容器测量水位

按照流体静力学原理,当水位在正常水位 H_0(即零水位)时,差压传感器的输出为

$$\Delta p_0 = \rho_1 gH - \left[\rho' gH_0 + \rho'' g(H - H_0)\right] = (\rho_1 - \rho'')gH - (\rho' - \rho'')gH_0$$

式中 Δp_0——受压容器正常水位时对应的差压,Pa;

H——受压容器水位最大测量范围,m;

H_0——以最低水位为基准的容器零水位,m;

ρ', ρ'', ρ_1——受压容器内饱和水、饱和蒸汽和平衡容器内水的密度,kg/m^3;

g——重力加速度,m/s^2。

当受压容器水位偏离正常水位 ΔH 时,差压传感器的差压输出 Δp 为

$$\Delta p = (\rho_1 - \rho'')gH - (\rho' - \rho'')g(H_0 + \Delta H)$$

即

$$\Delta p = \Delta p_0 - (\rho' - \rho'')g\Delta H$$

式中 H, H_0, g 为确定值,当 ρ', ρ'', ρ_1 为已知值时,正常水位时的差压输出 Δp_0 为常数。传感器的输出差压值 Δp 为容器水位变化的单值函数。水位增加,输出差压减小;水位降低,输出差压加大。

单室平衡容器的特点是结构简单,一般应用于低温低压的贮水容器。但它的测量误差较大。分析其原因,主要是:

a. 当被测介质参数,如被测介质压力偏离额定值运行时,ρ' 和 ρ'' 发生变化。此时,即使水位不变,其差压也会发生变化。

b. 由于受压容器内的饱和水与平衡容器内的凝结水的温度不同,密度 ρ' 和 ρ_1 也不同,造成传感器输出误差。

为了减小此误差,通常使平衡容器的安装标高(正、负取压管的垂直距离)与传感器输出的全量程相一致,并在差压传感器校验时,按运行参数和环境平均温度考虑密度影响的修正值。

②双室平衡容器。

双室平衡容器的结构如图4.5所示。平衡容器的水面高度是定值。当水位增高时,水可溢流;水位降低时,由蒸汽冷凝来补充。正压头从平衡容器中引出,当其中水的密度一定时,正压头也为定值。负压管置于平衡容器内,上部比水平正取压管下缘高10 mm左右,下部与受压容器连通,其水柱随着容器水位的变化而变化。它输出的压头为负压头,反映容器水位的变化。

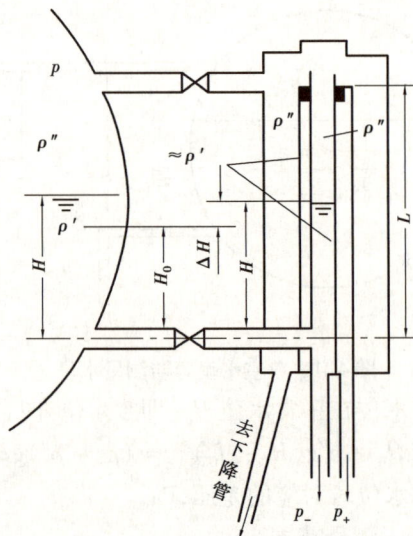

图4.5 双室平衡容器

双室平衡容器中正负两根管内水的温度比较接近,可近似认为正负压管中水的密度相同,皆为ρ_1,因此有

$$\Delta p_0 = (\rho_1 - \rho'')g(H - H_0) \quad \Delta p = \Delta p_0 - (\rho_1 - \rho'')g\Delta H$$

双室平衡容器可以解决单室平衡容器正负压头水的密度不相等带来的测量误差。但它仍然存在以下问题:

a.平衡容器的温度远远低于被测受压容器的温度,负压管的水面比受压容器的水面低,所以仍然存在较大的测量误差。当运行参数或平衡容器环境温度变化时,此误差是个变数。

b.双室平衡容器在使用过程中,由于向外散热,正负压管中的水温由上至下逐步降低,且温度不易确定。因此同样造成正负压头水的密度难以确定,造成测量误差。

c.仍然存在受压容器内被测介质参数变化时,对测量的影响。

③蒸汽罩补偿式平衡容器。

针对上述平衡容器的缺点,测量中小型锅炉汽包水位时,广泛采用蒸汽罩补偿式平衡容器补偿汽包压力对输出差压的影响,其结构如图4.6所示。

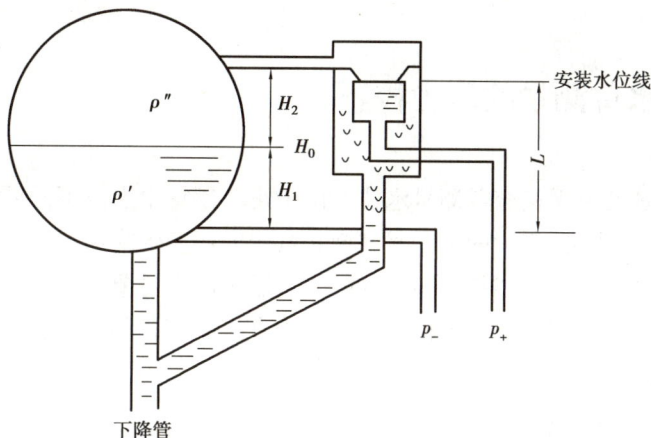

图 4.6 蒸汽罩补偿式平衡容器

为了使正压管中的水位恒定,一方面加大正压容器的截面积,并在其上面装一个凝结水漏盘,使凝结水不断流入正压容器。正压容器相当于一个溢出杯,其水位恒定不变。用蒸汽包围正压容器,使其中水的温度等于饱和温度。蒸汽凝结水由疏水管流入下降管。疏水管和下降管相接处的高度应保证平衡容器内无水,而下降管又不抽空,即在疏水管内保持一定高度的水。负压管直接从汽包水侧引出。为了保证压力引出管的垂直部分中水的密度等于环境密度,压力引出管的水平长度距离要足够大。

在正常水位 H_0 时,平衡容器的输出差压 Δp_0 为

$$\Delta p_0 = (L - l)\rho_1 g - (L - H_0)\rho'' g + (l - H_0)\rho' g$$

在设计平衡容器时,通过确定适当的 L 和 l 值,使汽包压力从很小的值变到额定工作压力时正常水位变化(ΔH)下平衡容器输出的差压不变,从而消除差压传感器的零位漂移。

根据零水位差压输出从很小的汽包压力变到额定工作压力时得到完全补偿,可以推导出 l 的大小为

$$l = (L - H_0) \frac{\rho_1'' - \rho_2''}{\rho_1' - \rho_2''}$$

考虑平衡容器输出差压最大值应和差压传感器测量上限值一致,即在水位最低($\Delta H = -H_0$)和汽包额定工作压力时,平衡容器输出的最大差压等于差压传感器的测量上限 Δp_{max},可推导出 L 为

$$L = \frac{\Delta p_{max} + l(\rho_1 - \rho')g}{(\rho_1 - \rho'')g}$$

联立求解两式,即可求得 L 和 l。

应该指出的是,这种结构只能使正常水位下的差压 Δp_0 受汽包压力变化的影响大大减小。当水位偏离正常水位($\Delta H \neq 0$)时,输出差压 Δp 还会受汽包压力的影响。

4.1.3　差压水位测量的压力校正

如上所述,上述几种平衡容器测量水位时由于正负压管中水温不同,以及汽包压力变化影响正负压管中水的密度、汽包的饱和水和饱和汽密度而产生附加误差,特别是测量高参数锅炉的汽包水位时因汽包压力对输出差压的影响,已不能满足要求。所以,目前已广泛采用电气压力校正方法,其校正公式与平衡容器的结构直接相关,下面以汽包水位测量为例介绍几种压力校正方法。

（1）单室平衡容器的压力校正

单室平衡容器的汽包水位表达式为

$$H_0 + \Delta H = \frac{(\rho_1 - \rho'')gH - \Delta p}{(\rho' - \rho'')g}$$

根据上式组成的压力校正系统 $f_1(p)$ 和 $f_2(p)$ 为函数发生器,它们接受汽包压力信号,其输出量为 $(\rho_1 - \rho'')gH$ 和 $(\rho' - \rho'')g$,二者能自动跟随汽包压力变化而变化,达到校正的目的。然后将差压信号 $(-\Delta p)$ 与反映密度变化的信号 $(\rho_1 - \rho'')gH$ 代数相加,再除以密度变化信号 $(\rho' - \rho'')g$,则测量系统的输出为汽包水位,即 $H_0 + \Delta H$。

由于采用单室平衡容器,ρ_1 会随环境温度而变化,为一变值,因此,测量上仍存在一定的误差。

（2）双室平衡容器的压力校正

蒸汽罩双室平衡容器水位的表达式为

$$H_0 + \Delta H = H - \frac{\Delta p}{(\rho_1 - \rho'')g}$$

函数转换器 $f(p)$ 接收汽包压力信号,输出为 $\dfrac{1}{(\rho_1 - \rho'')g}$,经乘法器与差压信号相乘,在送入加法器与代表 H 的定值电压相减,便得到 $H - \dfrac{\Delta p}{(\rho_1 - \rho'')g}$,即为汽包水位 $H_0 + \Delta H$。

4.1.4　量程迁移

各种静压式液位测量方法都要求零液位（取压口）与压力传感器的入口在同一水平高度,否则会产生附加静压误差。但是,为了读数和维护的方便,在实际安装时不一定能满足这个要求。在这种情况下,就必须进行量程迁移。所谓量程迁移,就是通过计算进行修正,传感器入口不在零液位时造成的附加静压误差,常用的是对压力传感器进行零点调整,使它在只受附加静压时输出为"零"。

量程迁移有无迁移、负迁移和正迁移 3 种情况,下面以差压传感器测量液位为例进行介绍。

差压传感器测量液位示意图,如图4.7所示,其正负压室分别与容器下部和上部的取压点相连通,连接负压室与容器上部取压点的引压管中充满与容器液位上方相同的气体,由于气体密度相对于液体小得多,则取压点与负压室之间的静压差很小,可以忽略。

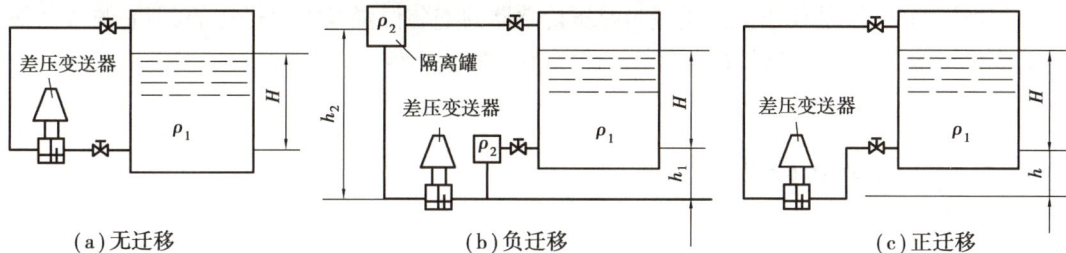

图 4.7　差压传感器测量液位示意图

(1)无迁移

当差压传感器的正负压室与零液位等高时,如图4.7(a)所示。传感器的输出差压 Δp 为

$$\Delta p = \rho g H$$

当 $H=0$ 时,$\Delta p =0$,差压传感器未受任何附加静压;当 $H = H_{\max}$ 时,$\Delta p = \Delta p_{\max}$。这说明差压传感器无须迁移。如果配接变送器转换成4~20 mA 标准电信号,则输出电信号为 4 mA,表示输入差压值 $\Delta p = 0$,也即 $H=0$;差变输出 20 mA,表示输入差压值为 $\Delta p_{\max}$,也即 $H = H_{\max}$。因此,变送器的输出电流 I 与液位 H 呈线性关系。

(2)负迁移

在实际安装差压传感器时,如果传感器的正压室在零液位之上,如图4.7(b)所示。传感器的输出差压 Δp 为

$$\Delta p = \rho g H - \rho g h$$

当 $H = 0$ 时,$\Delta p = \rho g h = C < 0$,差压传感器受到一个附加负差压作用,使差压变送器的输出 $I < 4$ mA。为使 $H = 0$ 时,差压变送器的输出 $I = 4$ mA,就要设法消去 C 的作用。由于 $C < 0$,故需要负迁移。

负量程迁移就是通过调节差压变送器上的迁移弹簧,使变送器在 $\Delta p = -C$ 时,输出电流 $I = 4$ mA,对应于 $H = 0$。这样,当差压变送器的输出电流 $I = 20$ mA,$\Delta p = H_{\max}\rho_1 g - C$,对应于 $H = H_{\max}$。从而实现差压变送器输出与液位之间的线性关系。

(3)正迁移

在实际安装差压传感器时,如果传感器的正压室在零液位之下,如图4.7(c)所示。传感器的输出差压 Δp 为

$$\Delta p = \rho g H + \rho g h$$

当 $H = 0$ 时,$\Delta p = \rho g h = B > 0$,差压传感器受到一个附加正差压作用,使差压变送器的输出 $I > 4$ mA。为使 $H = 0$ 时,差压变送器的输出 $I = 4$ mA,就要设法消去 B 的作用。由于 $B >$

0,故需要正迁移。

正量程迁移就是通过调节差压变送器上的迁移弹簧,使变送器在 $\Delta p = C$ 时,输出电流 $I = 4\ \text{mA}$,对应于 $H = 0$。这样,当差压变送器的输出电流 $I = 20\ \text{mA}$,$\Delta p = H_{\max}\rho_1 g + B$,对应于 $H = H_{\max}$。从而实现差压变送器输出与液位之间的线性关系。

应当说明的是,量程迁移只是因为差压传感器的安装位置等需要进行的,但它只改变液位的变化范围,而差压传感器的量程范围保持 $0 \sim \Delta p_{\max}$ 不变。

4.1.5　浮力式液位测量

浮力式液位测量是根据阿基米德原理工作的,它包括恒浮力式液位测量和变浮力式液位测量两种。由于浮力式液位传感器结构简单、造价低、维持方便,因此在工业生产中应用广泛。

(1)恒浮力式液位测量

恒浮力式液位测量方法是利用浮子本身的质量和所受的浮力均为定值,并使浮子始终漂浮在液面上,并跟随液面的变化而变化的原理来测量液位的。它包括浮标式、浮球式和翻板式等各种方法。

UZG 型浮子式钢带液位计是根据力平衡原理设计的,浮子通过钢带与测量系统相连,如图 4.8 所示。

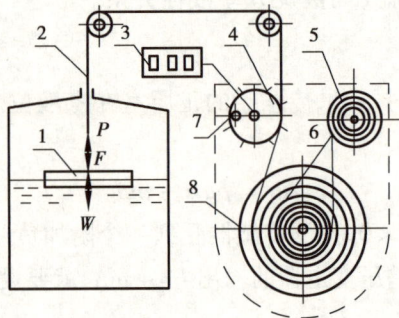

图 4.8　UZG 型浮子式钢带液位计原理图
1—浮子;2—钢带;3—计数器;4—链轮;5—平衡弹簧;
6—弹簧轮;7—传动销;8—钢带贮轮

当浮子在平衡位置时,浮力 F、重力 W 和恒力装置提供的拉力 P 这 3 个力的矢量和等于零,浮子静止。

当液位发生变化,浮子随之浮动,破坏了在原位置上的力平衡,使弹簧轮转动收进或放出钢带,液位变化停止时,浮子在新的位置上平衡。由于钢带上冲有等距的、精度高的孔,它精确地带动链轮按位移量转动,驱动计数器计数,就地显示新的液位。也可在传动轴上配接变送器实现液位信号的远传。

在这种测量方法中,重力 W 为常数,浮子平衡在任何高度的液面上时,浮力 F 值均不变,所以把这类液位测量称为恒浮力式液位测量。

(2)**变浮力式液位测量**

变浮力式液位测量是利用浮筒所受的浮力与其浸入液体深度呈线性关系来测量液位的,如图4.9所示。

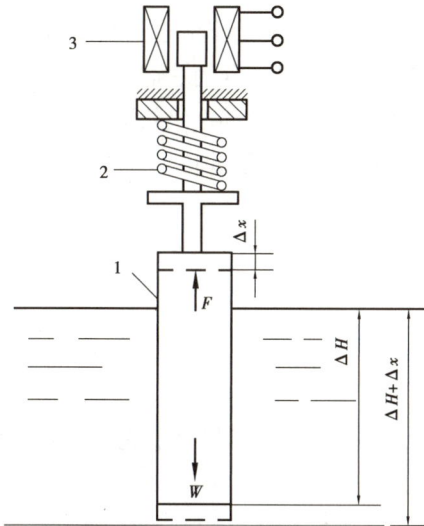

图4.9 变浮力式液位测量

变浮力式液位测量弹簧的上端固定,圆筒形空心金属浮筒悬挂在弹簧下端,弹簧因承受浮筒的质量被拉伸,当浮筒的质量与弹簧力达到平衡时,有

$$mg = cx_0$$

式中　c——弹簧的刚度系数;

　　　m——浮筒的质量;

　　　x_0——弹簧由于浮筒重力被拉伸所产生的位移。

将浮筒浸入被测液体,浮筒的一部分被液体浸没,由于受到液体浮力的作用浮筒会向上移动。

当浮筒所受浮力与弹簧力和它的重力平衡时,浮筒停止移动。这时,浮筒移动的距离,就是弹簧的位移变化量。

根据力平衡原理,下列关系成立。

$$mg = C(x_0 - \Delta x) + A\Delta H\rho g$$

式中　ρ——浸没浮筒的液体密度;

　　　Δx——浮筒移动的距离;

　　　A——浮筒的横截面积;

　　　ΔH——浮筒被液体浸没的长度。

整理上两式后可得

$$\Delta H = \frac{C}{A\rho g}\Delta x$$

所以,液位的高度 H 为

$$H = \Delta H + \Delta x = \left(1 + \frac{C}{A\rho g}\right)\Delta x$$

可见,当浮筒和弹簧的刚度系数一定时,液位的高度 H 与浮筒的位移变化量成正比。因此,只要能测出浮筒的位移变化量,就能测量出液位的高度 H。

在浮筒的连杆上安装一铁芯,铁芯可随浮筒一起上下移动。当液位变化时,浮筒产生位移并带动铁芯,改变了差动变压器初级线圈和次级线圈的耦合情况,它输出的电动势与位移成正比,从而将液位信号转换成电信号,便于远传。

【任务实施】

(1)准备工器具

压力变送器 1 台,液位变送器 1 台,毫安数字电流表 1 台,液位变送器校验实验示意图如图 4.10 所示。

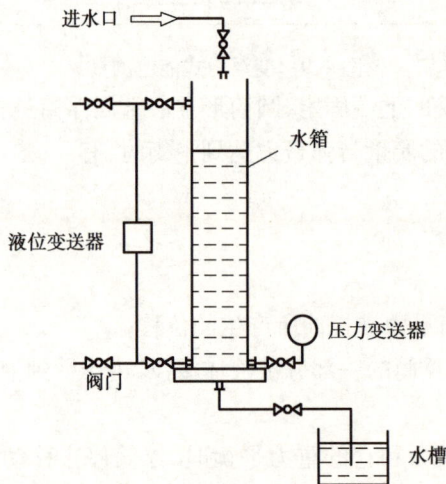

图 4.10　液位变送器校验实验示意图

(2)实验步骤

①检查实验装置的仪器和设备是否完好。

②控制电磁阀的开关,将进到实验水箱的水路接通,检查是否漏水,水能否流入水箱内。

③检查压力传感器、液位传感器连线是否正确,并按照实验原理和仪表说明书,将信号、电源线连接好。

④连接完成后,请指导教师检查。待老师确认后,可以开始实验。

⑤按照仪表的操作说明,设定好仪表的输入上下限。连接压力传感器的仪表设置范围

为 0.00 ~ 9.807 kPa,连接液位传感器的仪表设置范围为 0 ~ 120 m。

A. 零点调整。

在水箱没水时,测量液位变送器输出信号是否为 4 mA,如果不对,则调整调零电位器(零点/zero/z),直至输出为 4 mA(由于零的液位比较难控制,可以稍大点,以保证水箱底部充满介质,避免误差,同时应保证变送器与水箱的连接无空气气泡)。

B. 满量程调整。

零点调好后,通过水箱液位控制系统给水箱加水,液位增加到水箱满刻度处,测量液位变送器输出是否为 20 mA,若不是则调整变送器量程电位器(增益/span/S),使输出为 20 mA。

C. 满量程调整后会影响零点,因此零点、满量程需反复多次调整,直至满足要求为止。

⑥改变水箱液位的高度,从每次改变 10 cm 水柱,分别记录压力传感器的数值和液位传感器的数值,记录液体的温度。

⑦当水位达到 120 cm 时,停止加水,开始放水,每次改变 10 cm 水柱,继续记录压力传感器的数值和液位传感器的数值,并记录液体的温度。

⑧关闭电源,拆除电路,将工具等放回原位。

(3) 实验数据记录及处理(表 4.1)

表 4.1　液位变送器校验数据记录表

专业:　　　　　　　　班级:　　　　　　　　学号:

变送器型号:　　　　　准确度等级:　　　　　水温:　　　　　密度:

序号	水箱水位刻度值/cm	压力变送器		液位变送器		测量误差		变　差
		压力/kPa	液位/cm	液位/mA	液位/cm	正行程	反行程	
1								
2								
3								
4								
5								
6								
7								
8								
9								

续表

序号	水箱水位刻度值 /cm	压力变送器		液位变送器		测量误差		变　差
		压力 /kPa	液位/cm	液位 /mA	液位 /cm	正行程	反行程	
10								
允许误差				基本误差				
变差				校验结论				

(4)画出液位与压力关系曲线(图4.11)

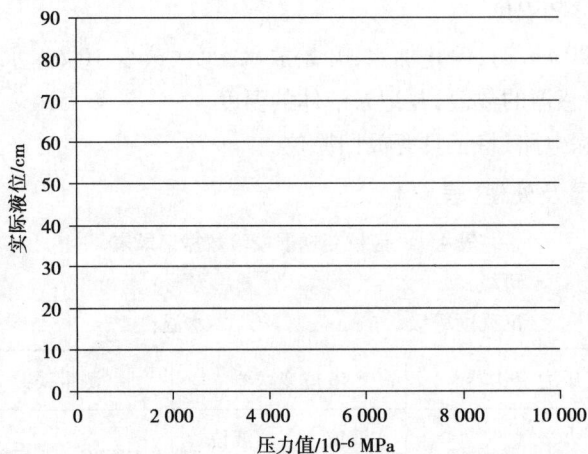

图4.11　液位与压力关系

提示:将所有原始数据及计算结果列成表格,并附上计算示例。

(5)思考题

①液位测量有哪些测量方法? 最少说明3种。

②液位压力变送器的接线方式有哪些? 有哪些应用区别?

③测量液位时产生误差的原因主要有哪些?

【任务评价】

液位变送器校验任务评价表

任务名称			液位变送器校验				
姓名				学号			
序号	评分项目	评分内容及要求	评分标准		扣分	得分	备注
1	准备工作 （10分）	1. 工器具准备齐全 2. 记录单、纸和笔等备品备件准备	1. 工器具等不符合校验要求，每缺一项，扣2分 2. 备品备件每少一样，扣2分				
2	设备连接 （10分）	设备连接正确，规范	1. 设备连接错误，扣2分 2. 安装不牢固，接头有渗油现象，扣5分				
3	操作过程 （40分）	1. 变送器调整 2. 液位控制平稳 3. 读数动作规范、正确	1. 调零调量程不规范、调整不到位，各扣5分 2. 液位调节不平稳、不合理，每次扣2分 3. 读数动作不规范，扣3分，错误，扣5分				
4	数据记录 （10分）	数据记录正确，格式规范	数据记录格式不规范，扣2分				
5	数据处理 （20分）	1. 数据处理方法正确，结果正确 2. 数据处理顺序得当	1. 数据处理方法错误，扣10分 2. 数据处理顺序不当，扣5分				
6	综合素质 （10分）	1. 着装整齐，精神饱满 2. 现场组织有序，工作人员之间配合良好 3. 独立完成相关工作 4. 执行工作任务时，不大声喊叫 5. 不违反仪表校验规定及相关规程 6. 现场清理干净、无遗留物					
总分（100分）							
试验开始时间　　时　　分 结束时间　　　　时　　分					实际时间 　　时　　分		
教师							

情境 5　流量测量及应用

【情境描述】

通过完成孔板流量计校正与电磁流量计校验任务,使学生了解流量测量方法,掌握孔板节流元件及电磁式流量计测量流量原理,掌握流量测量仪表的校验方法和步骤,并对校验结果进行误差计算和分析。同时能说出流量测量在电厂中的具体应用。

【情境目标】

1. 掌握孔板流量计、电磁式流量计的原理、结构、性能及安装方法和适用条件。
2. 掌握用容量法标定流量计的方法。
3. 能用孔板流量计、电磁式流量计测量液体流量。
4. 会校验与标定孔板流量计、电磁式流量计。
5. 能阐述发电厂主要流量信号测量方法及测量结果在电厂中的应用。

任务 5.1　孔板流量计校正

【任务目标】

1. 了解孔板流量计结构、测量原理及适用条件。
2. 能用容积法标定孔板流量计。
3. 能对校验数据进行误差计算并分析误差产生的原因。
4. 能说出孔板流量计在电厂中的应用。

【任务描述】

利用简易流量计校正系统,完成对孔板流量计的校正。

【相关知识】

流量测量在工业生产过程中显得十分重要。生产过程中各种流动介质,如液体、气体或蒸汽、固体粉末等的流量反映了生产过程中物料、工质或能量的产生和传输的量,因此连续测量流量可以保证设备的安全、经济运行,为管理和控制生产过程提供依据。

5.1.1　流量测量的基本概念

(1)流量的定义

单位时间内通过管道中某一截面积的流体量称为瞬时流量,简称流量。如果流量用流体的体积来表示则称为瞬时体积流量 q_v,简称体积流量。如果流量用流体的质量来表示则称为瞬时质量流量 q_m,简称质量流量。它们的表达式分别为

$$q_v = \frac{\mathrm{d}V}{\mathrm{d}t} = \lim_{\Delta t \to 0} \frac{\Delta V}{\Delta t} \tag{5.1}$$

$$q_m = \frac{\mathrm{d}m}{\mathrm{d}t} = \lim_{\Delta t \to 0} \frac{\Delta m}{\Delta t} = \rho q_v \tag{5.2}$$

式中　q_m, q_v——在时间间隔 Δt 内通过的流体质量 Δm 或体积 ΔV;

ρ——流体密度。

当流体的压力和温度参数未知时,体积流量的数据只模糊地给出了流量,严格地说,要用"标准体积流量"表达,即指在温度为 20(0 ℃)、压力为 1.013×10^5 Pa 下的体积数值。那么,在该标准状态下,介质的密度 ρ 为定值,标准体积流量和质量流量之间的关系是确定的。

(2)累积流量

从 t_1 到 t_2 这段时间间隔内流体通过管道横截面的流体总量称为累积流量。累积流量可通过该段时间内瞬时流量对时间的积分得到。与流量相对应,有体积累积流量或质量累积流量,它们的表达式分别为

$$V = \int_{t_1}^{t_2} q_v \mathrm{d}t \tag{5.3}$$

$$m = \int_{t_1}^{t_2} q_m \mathrm{d}t \tag{5.4}$$

累积流量除以相应的时间间隔称为该段时间内的平均流量。

(3)流量单位

在 SI 单位制中,体积流量的单位为米^3/秒(m^3/s);质量流量的单位为千克/秒(kg/s)。在工程中常用的体积流量单位有米^3/时(m^3/h)、升/时(L/h);常用的质量流量单位有千克/时(kg/h)、吨/时(t/h)。体积累积流量的单位为米^3(m^3),质量累积流量的单位为吨(t)。

5.1.2　流量测量的主要方法和分类

由于流量测量对象的多样性和复杂性,流量测量的方法有很多种。流量测量方法可按不同原则划分,至今并没有统一的分类方法。流量测量方法按照不同的测量原理,主要分为差压式、速度式和容积式 3 类。

(1)差压式流量测量

差压式流量测量是通过测量流体流经安装在管道中敏感元件所产生的压力差,它以输出差压信号来反映流量的大小,如节流变压降式、均速管式、楔形、弯管式以及浮子流量测量等。

速度式流量测量是通过测量管道内流体的平均速度,它以输出速度信号来反映流量的大小,如涡轮式、涡街式、电磁式、超声波式等。

容积式流量测量的方法是让流体以固定的、已知大小的体积逐次从机械测量元件中排放流出,计数排放次数或测量排放频率,即可求得其体积累积流量,如椭圆式、腰轮式、刮板式和活塞式等。

(2)差压式流量测量

差压式流量测量是目前工业生产过程中气体、液体和蒸汽流量最常用的流量测量方法。其中以节流变压降式流量测量方法应用最为广泛。

1)节流变压降式流量测量原理

节流变压降式流量测量是通过测量流体流经节流装置时所产生的静压力差来测量流量的,它是电厂中使用最多的流量测量方法。

节流变压降式流量测量的原理是在充满流体的管道中固定放置一个流通面积小于管道截面积的阻力件,当流体流过该阻力件时,由于流体流束的收缩而使流速加快、静压力降低,其结果是在阻力件前后产生一定的压力差。它与流量(流速)的大小有关,流量越大,差压也越大。实践证明,对于一定形状和尺寸的阻力件,一定的测压位置和前后直管段,在一定的流体参数情况下,阻力件前后的差压与体积流量之间有一定的函数关系,因此通过测量阻力件前后的差压来测量流量。把流体流过阻力件因流束的收缩而造成压力变化的过程称为节流过程,其中的阻力件称为节流件。

目前最常见的节流件是标准孔板,在以下讨论中将主要以标准孔板为例介绍节流式流量测量的原理、流量公式的推导等。

图 5.1 是流体流经节流件时的流动情况示意图,从图中可知,流体在节流件前后的流束、压力和速度都要发生变化。

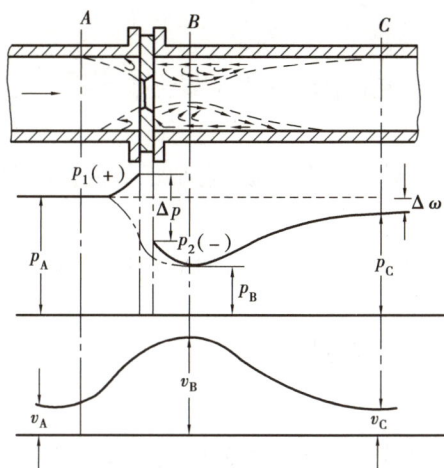

图 5.1 孔板测量原理示意图

在截面 1 处流体未受节流件的影响,流束充满管道,管道截面为 D,平均流速为 v_1,流体静压力为 p_1,流体密度为 ρ_1;流体流经节流件前就已经开始收缩,由于惯性的作用,流束通过节流件后还将继续收缩,直到在节流件后的某一距离处达到最小流束截面,即截面 2。其截面积为 d',流体的平均流速达到最大 v_2,流束中心压力为 p_2,流体密度为 ρ_2;流体流经截面 2 时流束又逐渐扩大到充满整个圆管,流体的速度也恢复到孔板前稳定流动时的速度。截面 3 是流速刚恢复正常时的截面,管道截面为 D,平均流速为 v_3,流体静压力为 p_3,流体密度为 ρ_3。

图中的点画线代表管道中心处静压力,实线代表管壁处静压力。分析节流件前后压力的变化情况,在节流件前,流体向中心加速,管壁处静压力增加,管道中心处压力降低;至截面 2 时,流束截面收缩到最小,管壁和中心处静压力降至最低。然后流束扩张,静压力升高,直到截面 3 处。由于涡流区的存在,导致流体能量损失,因此在流束充分恢复后,截面 3 处的静压力 p_3 不能恢复到原先的静压力 p_1,而产生了压力损失 $\delta_p = p_1 - p_3$。

设流经水平管道的流体为不可压缩性流体($\rho_1 = \rho_2 = \rho$),并忽略流动阻力损失,对截面 1 和截面 2 写出下列伯努利方程:

$$\frac{p_1}{\rho} + \frac{v_1^2}{2} = \frac{p_2}{\rho} + \frac{v_2^2}{2} \tag{5.5}$$

根据流体的连续性方程,有

$$\frac{\pi}{4}D^2 v_1 \rho = \frac{\pi}{4}d'^2 v_2 \rho \tag{5.6}$$

流体流经截面 2 的体积流量为

$$q_v = \frac{\pi}{4}d'^2 v_2 \tag{5.7}$$

联立求解式(5.5)—式(5.7),可得体积流量:

$$q_v = \sqrt{\dfrac{1}{1 - \left(\dfrac{d'}{D}\right)^4}} \cdot \dfrac{\pi}{4} d^2 \sqrt{\dfrac{2}{\rho}(p_1 - p_2)} \tag{5.8}$$

应该注意的是:

①实际测量时差压是按一定的取压方式在节流装置前后测得的,其大小与$(p_1 - p_2)$之间有一定的差异。

②d'是最小流束的直径。对于标准孔板,它小于节流件的开孔直径;对于喷嘴,它等于节流件的开孔直径。

③流量公式没有考虑流动过程中的损失,而这种损失对于不同形式的节流件和不同的直径比(d'/D)是不同的。

基于上述理由,上述推导出的流量公式不是要求的流量公式,必须对它进行下列修正:

①用节流件前后实际测得的差压 Δp 代替$(p_1 - p_2)$;

②用节流件的开孔直径 d 代替最小流束截面直径 d',并引入直径比$\beta = \dfrac{d}{D}$。

③考虑流动过程中的压力损失。

综合考虑上述因素,在流量公式中引入一个流出系数 C 或流量系数 a,则可得体积流量:

$$q_v = \dfrac{C}{\sqrt{1 - \beta^4}} \cdot \dfrac{\pi}{4} d^2 \sqrt{\dfrac{2}{\rho}\Delta p} = \dfrac{C}{\sqrt{1 - \beta^4}} \cdot \dfrac{\pi}{4}\beta^2 D^2 \sqrt{\dfrac{2}{\rho}\Delta p} \tag{5.9}$$

或

$$q_v = a \dfrac{\pi}{4} d^2 \sqrt{\dfrac{2}{\rho}\Delta p} = a \dfrac{\pi}{4}\beta^2 D^2 \sqrt{\dfrac{2}{\rho}\Delta p} \tag{5.10}$$

其中,C 和 a 值与节流件的形式、β 值、雷诺数 Re_D、管道粗糙度及取压方式等有关,是节流装置中重要的参数,一般由实验决定。它们之间是$\dfrac{1}{\sqrt{1 - \beta^4}}$的关系。

式(5.10)仅适用于不可压缩流体。对可压缩流体,流体的密度变化是不可忽视的。但是,为了方便起见,可采用和不可压缩流体相同的流量公式和流量系数 a 或流出系数 C,而把全部的流体可压缩性影响用一流束膨胀系数 ε 来考虑,同时引入节流件前的流体密度 ρ_1。于是,可得体积流量公式为

$$q_v = a\varepsilon \dfrac{\pi}{4} d^2 \sqrt{\dfrac{2}{\rho_1}\Delta p} = a\varepsilon \dfrac{\pi}{4}\beta^2 D^2 \sqrt{\dfrac{2}{\rho_1}\Delta p} \tag{5.11}$$

相应的质量流量公式为

$$q_m = a\varepsilon \dfrac{\pi}{4} d^2 \sqrt{2\rho_1 \Delta p} = a\varepsilon \dfrac{\pi}{4}\beta^2 D^2 \sqrt{2\rho_1 \Delta p} \tag{5.12}$$

式中 q_m, q_v——质量流量,kg/s,体积流量,m^3/s;

      d, D——节流件开孔直径、管道直径,m;

β——节流件开孔直径与管道直径之比,即$\dfrac{d}{D}$;

ρ_1——节流件前流体密度,kg/m^3;

Δp——实际测得的差压,Pa;

ε——流体流束膨胀系数,对不可压缩流体取1,对可压缩性流体取小于等于1;

C,a——流出系数和流量系数,根据节流件的形式、β值、雷诺数Re_D、管道粗糙度及取压方式查表得到。

2)标准节流件

目前国家规定的标准节流件有标准孔板、标准喷嘴和文丘里管等。

①标准孔板。

标准孔板是由机械加工获得的一块具有与管道同心的圆形开孔(节流孔)、开孔边缘非常锐利的薄板,其圆筒形柱面与孔板上游侧端面垂直。用于不同的管道内径和各种取压方式的标准孔板,其几何形状都是相似的,如图5.2所示,其中所标注的尺寸可参阅相关标准规定。在标准孔板的所有参数中,孔板直径是一个主要的参数,任何情况下,孔径d不小于12.5 mm,它是不少于均匀分布的4个单测值的算术平均值,而任意单测值与平均值之差不得超过$\pm 0.05\% \, d$。

②标准喷嘴。

标准喷嘴包括ISA1932喷嘴和长径喷嘴。ISA1932喷嘴是由两个圆弧曲面构成的入口收缩部分和与之相接的圆柱形喉部组成,如图5.3所示。长径喷嘴则是由形状为1/4椭圆的入口收缩部分和与之相接的圆柱形喉部组成的。

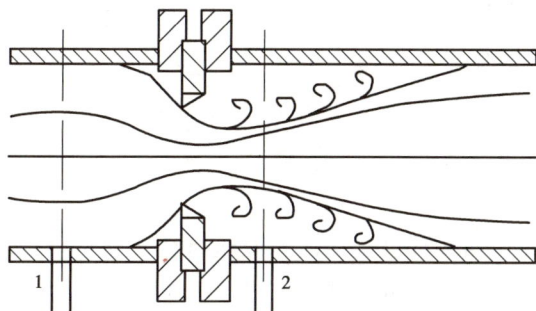

图5.2　标准孔板示意图

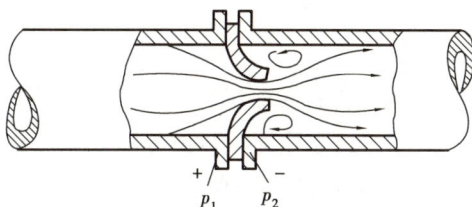

图5.3　标准喷嘴示意图

③文丘里管。

经典文丘里管的轴向截面如图5.4所示。它是由入口圆筒段A、圆锥收缩段B、圆筒形喉部C、圆锥扩散段E组成的。圆筒段A的直径为D,其长度等于D;收缩段B为圆锥形,夹角为$21°\pm 1°$;喉部C为直径d的圆筒形,其长度等于d;扩散段E为圆锥形,扩散角为$7°\sim 15°$。

经典文丘里管的上游取压口和喉部取压口分别做成几个(不少于4个)单独的管壁取压口形式,用均压环将几个单独管壁取压口连接起来。当$d \geq 33.3$ mm时,喉部取压口的直径为$4\sim 10$ mm,上游取压口的直径应不大于$0.1D$;当$d \leq 33.3$ mm时,喉部取压口的直径为$0.1d\sim 0.13d$,上游取压口的直径为$0.1d\sim 0.1D$。

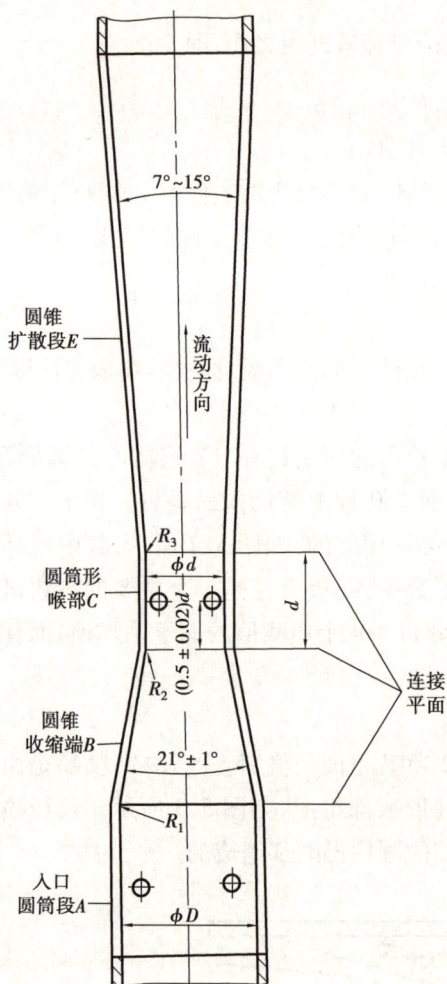

图 5.4　文丘里管示意图

3）取压方式和取压装置

取压方式是指取压口位置和取压口结构。不同的取压方式，即取压口在节流件前后的位置不同，取出的差压值也不同。不同的取压方式，对同一个节流件，它的流出系数也将不同。

①取压方式。

目前国际国内通常采用的取压方式有理论取压法、$D - \dfrac{D}{2}$ 取压法（又称径距取压法）、角接取压法和法兰取压法等。

理论取压的上游取压口中心位于距节流件前端面 $1D \pm 0.1D$ 处，下游取压口中心位置因 β 值而异，基本位于流束最小截面处。在推导节流变压降式流量测量公式时，用的就是这两个截面上的压力差，因此称为理论取压法。

$D - \dfrac{D}{2}$ 取压（径距取压）的上游取压口中心位于距节流件前端面 $1D \pm 0.1D$ 处，下游取压口中心位于距节流件前端面 $D/2 \pm 0.01D$ 处。

角接取压的上下游取压口位于节流件前后端面上,取压口轴线与节流件各相应端面之间的间距等于取压口半径或取压口环隙宽度的一半。

法兰取压法不论管道直径和直径比 β 的大小,上下游取压点中心均位于距离节流件上下游端面 $1\ \mathrm{in}(1\ \mathrm{in}=2.54\ \mathrm{cm})$ 处。

相比较而言,理论取压所取得的差压较大,而其他几种取压方式测得的差压值较理论取压法稍小。但是,对于理论取压法,随着直径比 β 和体积流量的变化,节流件后流束最小截面的位置也要变化,给下游取压口的设置带来困难,在实际中很少使用。法兰取压在制造和使用上比较方便,而且通用性较大,角接取压取出的比较均衡可以提高测量精度、$D-\dfrac{D}{2}$ 取压具有上下游取压口固定的优势,这 3 种最为常用。

②标准取压装置。

标准取压装置是国家标准中规定的用来实现取压方式的装置。以标准孔板为例,简单介绍角接取压装置和法兰取压装置。

角接取压装置可以采用环室或夹紧环(单独钻孔)方式取得节流件前后的差压。环室取压的前后两个环室在节流件两边,环室夹在法兰之间,法兰和环室、环室与节流件之间放有垫片并夹紧。节流件前后的压力是从前后环室和节流件前后端面之间所形成的连续环隙或等角配置的不小于 4 个的断续环隙中取得的。采用环室取压的优点可以取出节流件前后的均衡压差,从而提高测量精度。单独钻孔取压是在孔板的夹紧环上打孔,流体上下游压力分别从前后两个夹紧环中取出。

法兰取压装置的孔板被夹持在两块特制的法兰中间,其间加两块垫片。法兰取压是在法兰上打孔取出节流件前后的差压。

③节流件前后的直管段。

标准节流装置的流量系数是在流体到达节流件上游 $1D$ 处形成流体典型紊流流速分布的状态下取得的。为了在实际测量时能尽量接近这样的条件,节流装置的管道条件,如管道长度、管道圆度及内表面粗糙度等必须满足一定的要求。

节流件距离其上游两个和下游一个局部阻力件之间的距离根据各局部阻力件的形式、节流件类型及直径比决定;管道的圆度要求是在节流件上游至少 $2D$(实际测量)长度范围内,管道应是圆的,在离节流件上游端面至少 $2D$ 范围内的下游直管段上,管道内径与节流件上游的管道平均直径 D 相比,其偏差应在 $\pm 3\%$ 之内;管道内表面粗糙度的要求是至少在节流件上游 $10D$ 和下游 $4D$ 的范围内应清洁,无积垢和其他杂质,并满足有关粗糙度的规定。

4)皮托管流量测量

若能测出流体中某点的总压和静压,按照伯努里方程就可求得该点的流速,该流速乘以该点所在管道截面积就得出流体的体积流量。皮托管就是依据这一原理进行测量的。

如图 5.5 所示,皮托管是一根双层结构的弯成直角的金属小管,在其头部迎流方向开有一总压孔,在总压孔下游某处开有若干个静压孔。

根据伯努里方程可以推出皮托管头部所对应点的流速与皮托管的总压和静压之差具有

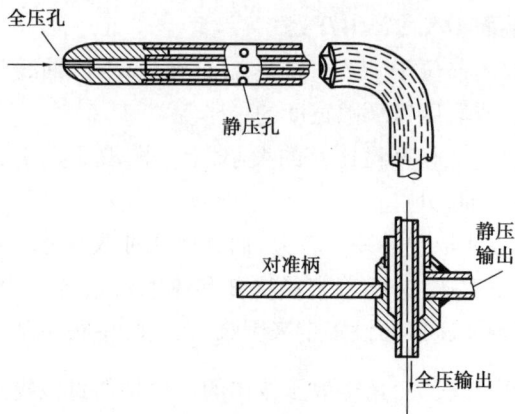

图 5.5　皮托管示意图

一定的关系,即

$$v = \alpha(1 - \varepsilon) \sqrt{\frac{2(p_0 - p)}{\rho}} \qquad (5.13)$$

式中　α——皮托管校准系数,用于修正总压孔和静压孔的位置不一致及流体滞止过程中的能量损耗等因素造成的差异;

　　　$1 - \varepsilon$——流体可压缩性影响系数;

　　　$p_0 - p$——总压和静压之差,即皮托管测得的动压力。

　　因此,流体的体积流量为

$$q_v = A \bar{v} = \alpha(1 - \varepsilon) K_v A \sqrt{\frac{2(p_0 - p)}{\rho}} \qquad (5.14)$$

式中　A——测点所在截面的面积;

　　　K_v——测点所在截面的平均流速与测点流速之比,即 $K_v = \dfrac{\bar{v}}{v}$。

　　这里需要说明的是,皮托管只能测量流体中某一点的流速,而流体在管道中流动时,同一截面上各点的流速是不同的,为了得到流量值,应测出管道截面上的平均流速。由于管道中各种阻力件及管道粗糙度对流动的影响,从理论上很难给出流速分布的函数和平均流速的位置,因此用皮托管测量流量,通常的做法是将管道截面分成面积相等的若干个部分,然后测量出每一部分的特征点流速,并以该特征点流速代表每一部分的平均流速,最后再算出管道截面整体的平均流速。

　　5)均速管流量测量

　　均速管又称阿牛巴(Annubar)管,其结构如图 5.6 所示。

　　均速管是一根沿直径垂直插入管道中的中空金属杆(称为测量杆),在迎流面上开有成对的测压孔,一般说来是两对,但也有一对或多对的,其外形似笛。迎流面的多点测压孔测量的是反映平均流速的总压,与总压均值管相连通,引出平均全压。在背流面的中心处一般开有一只静压孔,与静压管相通,引出静压。然后取它们的差值,即得代表平均流速的差压。

　　均速管的测量原理:流过管道某一截面的连续流体,其体积流量与在此截面上测得的动

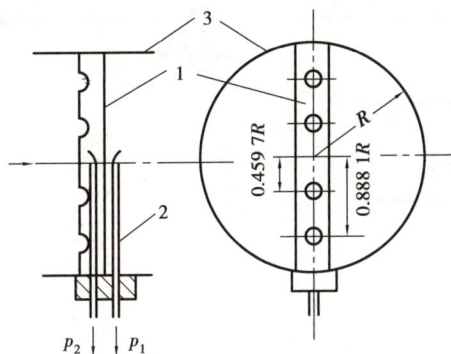

图 5.6   均速管示意图

1—测压孔;2—测量杆;3—总压均值

压力(即总压与静压之差)的平方根成正比。均速管是利用测量流体的全压与静压之差来测量流速的。

流体平均速度$\bar{v}$和均速管输出差压 Δp 之间的关系可根据经典的伯努利方程得出:

$$\bar{v} = k\sqrt{\frac{2}{\rho}\Delta p} \tag{5.15}$$

式中 Δp——全压与静压之差,Pa;

ρ——流体密度,kg/m³;

k——校正系数。

均速管的流量表达式为

$$q_v = a\varepsilon\frac{\pi}{4}D^2\sqrt{\frac{2}{\rho}\Delta p} \tag{5.16}$$

$$q_m = a\varepsilon\frac{\pi}{4}D^2\sqrt{2\rho\Delta p} \tag{5.17}$$

式中 q_v——流体的体积流量,m³/s;

q_m——流体的质量流量,kg/s;

a——工作状态下均速管的流量系数;

ε——工作状态下流体流过测量杆时的流束膨胀系数;对于不同压缩性流体:$\varepsilon = 1$,对于可压缩性流体:$\varepsilon < 1$;

D——工作状态下管道内的截面面积,m。

【任务实施】

(1)准备工器具

实验装置如图 5.7 所示,主要由循环水泵、孔板流量计、U 形压差计、温度计和水槽等组成,实验主管路为 3.33 cm 不锈钢管(内径25 mm)。

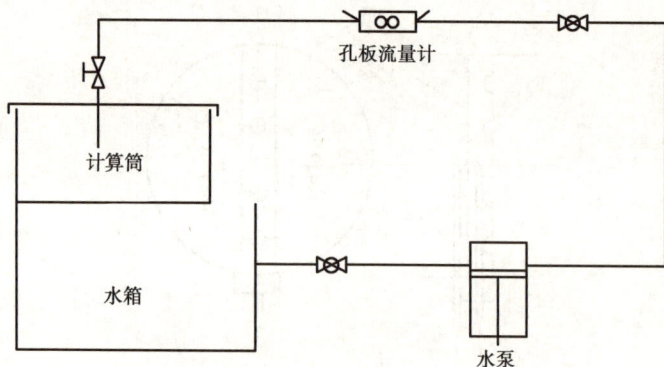

图 5.7　流量计校正实验示意图

孔板与 U 形管压力计连接示意图如图 5.8 所示。

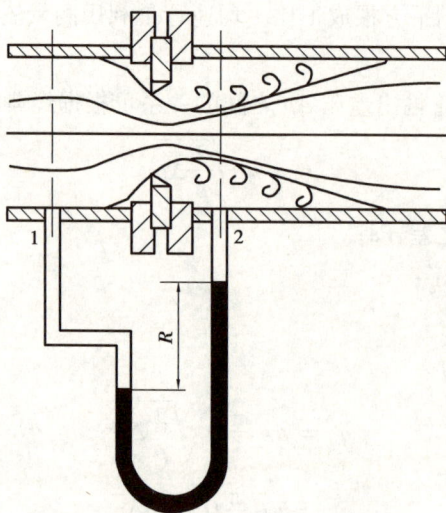

图 5.8　孔板与 U 形管压力计连接示意图

（2）实验步骤

①熟悉实验装置，了解各阀门的位置及作用。启动离心泵。

②对装置中有关管道、导压管、压差计进行排气，使 U 形压差计处于工作状态。

③对应每一个阀门开度，用容积法测量流量，同时记下压差计的读数，按由小到大的顺序在小流量时测量 8 ~ 9 个点，大流量时测量 5 ~ 6 个点。

④测量流量时应保证每次测量中，计量桶液位差不小于 100 mm 或测量时间不少于 40 s。

⑤主要计算过程如下：

a. 根据体积法（秒表配合计量筒）算得流量 V。

b. 根据 $u = \dfrac{4V}{\pi d^2}$，孔板取喉径 $d = 15.347$ mm。

c. 读取流量 V（由闸阀开度调节）对应的压差计高度差 R，根据 $u_0 = C_0 \sqrt{2\Delta p / \rho}$ 和 $\Delta p = \rho g R$，求 C_0 值。

d. 根据 $Re = \dfrac{du\rho}{\mu}$，求雷诺数。

（3）实验数据记录及处理

计量桶底面积为 $0.1\ m^2$，其实验数据记录及处理分别见表 5.1 和表 5.2。

表 5.1 数据记录表

序 号	流量 $V/(m^3 \cdot h^{-1})$		水温 $t/℃$	孔板压降 $\Delta P/Pa$		
	时间/s	高度/cm		左	右	压差

表 5.2 数据处理表

序 号	流量 $V/(m^3 \cdot h^{-1})$	流速 $u_0/(m \cdot s^{-1})$	孔板压降 $\Delta P_1/Pa$	孔流系数 C_0

提示:将所有原始数据及计算结果列成表格,并附上计算示例。

（4）思考题

①孔流系数与哪些因素有关?

②孔板计安装时应注意哪些问题?

③如何检查系统排气是否完全?

【任务评价】

孔板流量计校正任务评价表

任务名称	孔板流量计校正						
姓名			学号				
序号	评分项目	评分内容及要求	评分标准		扣分	得分	备注
1	准备工作 (10分)	1.工器具准备齐全 2.记录单、纸和笔等备品备件准备	1.工器具等不符合校验要求的,每缺一项扣2分 2.备品备件每少一样,扣2分				
2	设备连接 (10分)	设备连接正确,规范	1.设备连接错误,扣2分 2.安装不牢固,接头有渗油现象,扣5分				
3	操作过程 (30分)	1.流量控制大小合理 2.读数动作规范、正确	1.流量调节不连续、不合理,每次扣2分 2.读数动作不规范,扣3分,错误,扣5分				
4	数据记录 (10分)	数据记录正确,格式规范	数据记录格式不规范,扣2分				
5	数据处理 (30分)	1.数据处理方法正确,结果正确 2.数据处理顺序得当	1.数据处理方法错误,扣10分 2.数据处理顺序不当,扣5分				
6	综合素质 (10分)	1.着装整齐,精神饱满 2.现场组织有序,工作人员之间配合良好 3.独立完成相关工作 4.执行工作任务时,不大声喊叫 5.不违反仪表校验规定及相关规程 6.现场清理干净、无遗留物					
总分(100分)							
试验开始时间　　时　　分 结束时间　　时　　分				实际时间 　　时　　分			
教师							

情境6　氧化锆氧量计校正

【情境描述】

利用氧化锆氧量计校验系统,根据操作规程,对氧化锆氧量计校验系统接线并对其示值加以校准。

【情境目标】

1. 了解氧化锆氧量计的结构和工作原理。
2. 能使用氧化锆氧量计测量烟气含氧量。
3. 能说明含氧量测量在电厂控制中的作用。

任务6.1　氧化锆氧量计校正

【任务目标】

1. 了解氧化锆氧量计的工作原理、结构及应用条件。
2. 了解氧化锆氧量计校验系统。
3. 能对校验数据进行误差计算并分析误差产生的原因。

【任务描述】

利用氧化锆氧量计校验系统,完成对氧化锆氧量计的校正。

【相关知识】

6.1.1　烟气中含氧量的测量

氧化锆氧量计是目前工业生产自动控制中应用最多的在线分析仪表,主要用来分析混合气体和钢水中的含氧量等。

在热力生产过程中,锅炉燃料燃烧的好坏是影响生产经济及环保要求的一个重要因素,最佳燃烧状态是提高电厂经济效益的重要手段。锅炉处于最佳燃烧状态时,应保持一定的过剩空气系数 α,即送入锅炉实际空气量与燃料完全燃烧所需空气量之比。

过程氧量分析器大致可分为两大类:一类是根据电化学法制成的,如原电池法、固体电介质法和极谱法等;另一类是根据物理法制成的,如热磁式、磁力机械式等。电化学法灵敏度高,选择性好,但响应速度较慢,维护工作量较大,目前常用于微氧量分析。物理法响应速度快,不消耗被分析气体,稳定性较好,使用维修方便,广泛用于常量分析。磁力机械式氧气分析器不受背景气体导热率、热容的干扰,具有良好的线性响应,精确度高等优点。

氧化锆氧量计是利用氧化锆固体电解质作为测量元件,将氧量信号转换为电量信号,同时有氧量显示仪表将被测气体的含氧量显示出来。与磁性氧分析器相比,它具有结构简单、稳定性好、灵敏度高、响应快、价格便宜等优点。

6.1.2　氧化锆氧量计的工作原理及结构

氧化锆氧量计的基本原理是以氧化锆作固体电解质,高温下的电解质两侧氧浓度不同时形成氧浓差电势,氧浓差电势与两侧氧浓度有关,如一侧氧浓度固定,即可通过测量输出的电势来测量另一侧的氧含量。氧化锆氧量计的发送器就是一根氧化锆管。

(1)浓差电势的形成

氧化锆氧量计的传感器就是一根氧化锆管,是氧量计的关键部件。

氧化锆在常温下为单斜晶体,当温度升高到 1 150 ℃左右时,晶体排列变为立方晶体。如果在氧化锆中渗入一定数量的氧化钙或氧化钇,其晶体变为不随温度变化的稳定的萤石型立方晶体,即成为稳定的氧化锆材料。此时,四价的锆被二价的钙或三价的钇置换,同时产生了氧离子的空穴。在 600 ~ 1 200 ℃高温下,空穴型的氧化锆就变成了良好的氧离子导体,所以,氧化锆为固体电解质。

在氧化锆两侧氧浓度不等的情况下,浓度大的一侧的氧分子在该氧化锆管表面电极上结合两个电子形成氧离子,然后通过氧化锆材料晶格中的氧离子向氧浓度低的一侧泳动,当到达低浓度一侧时在该侧电极上释放两个电子形成氧分子放出,于是在电极上造成电荷积累,两电极之间产生电势,此电势阻碍这种迁移的进一步进行,直到达到动态平衡,这就形成了氧浓差电池,它所产生的电势称为氧浓差电势。

电池的右边充烟气,氧分压为 P_1,氧浓度为 ϕ_1;电池的左边充空气,氧分压为 P_2,氧浓度为 ϕ_2。氧化锆氧浓差电池可用下式表示:

在正极上氧分子得到电子成为氧离子,即

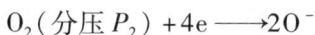

$$O_2(分压\ P_2) + 4e \longrightarrow 2O^-$$

在负极上氧离子失去电子成为氧分子,即

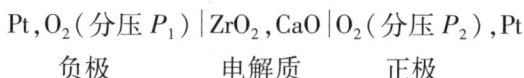

$$2O - 4e \longrightarrow O_2(分压\ P_1)$$

$$Pt, O_2(分压\ P_1) \,|\, ZrO_2, CaO \,|\, O_2(分压\ P_2), Pt$$

$$\quad 负极 \qquad\qquad 电解质 \qquad\quad 正极$$

在电池两极所产生的氧浓差电势可用下式计算:

$$E = \frac{RT}{nF} \ln \frac{P_2}{P_1} \tag{6.1}$$

式中　R——氧的气体常数,$R = 8.314$ J/mol·K;

　　　F——法拉第参数,$F = 96.487 \times 10^3$ C/mol;

　　　T——绝对温度,K;

　　　n——反应时,一个氧分子输送的电子。

如被测气体和参考气体的总压都为 P,则式(6.1)可写成

$$E = \frac{RT}{nF} \ln \frac{\dfrac{P_2}{P}}{\dfrac{P_1}{P}} \tag{6.2}$$

在混合气体中,某气体组分的分压与总压之比和体积浓度成正比,即

$$\frac{P_1}{P} = \frac{V_1}{V} = \varphi_1, \frac{P_2}{P} = \frac{V_2}{V} = \varphi_2 \tag{6.3}$$

将式(6.3)代入式(6.2),得

$$E = \frac{RT}{nF} \ln \frac{\varphi_2}{\varphi_1} \tag{6.4}$$

(2)保证氧化锆氧量计正确测量的条件

为了正确测量气体中的氧含量使用氧化锆氧量计时必须注意以下几点:

①因为氧浓差电势 E 与氧化锆工作管的绝对温度 T 呈正比关系,因此,在测量系统中应有恒温装置,以保证输出不受温度影响。

②工作温度 T 要选在 800 ℃以上,一般选 850 ℃,以保证有足够的灵敏度。因为氧化锆本身的烧结温度为 1 200 ℃,其使用温度不能超过 1 150 ℃,而且温度过高时烟气的可燃物就会与氧化合而成燃料电池,使输出增大,干扰测量。

③使用中应保持被测气体与参比气体的压力相等,只有这样,两种气体中的氧分压之比才能代表两种气体中的氧浓度之比。

④参比气体中的氧分压要恒定不变,同时要求它比被测气体中的氧分压要大得多,这样,输出灵敏度大。

⑤由于氧浓差电池有使两侧氧浓度趋于一致的倾向,因此必须保证被测气体与参比气体都有一定的流速,以便不断更新;否则氧浓差电池会使两侧含氧量逐渐平衡,输出电势下降。

⑥氧化锆材料的内阻很高,并且随工作温度降低而升高,为了使输出电势测量准确,二次仪表必须有很高的输入阻抗。

⑦氧浓差电势与被测气体氧含量成对数关系,若作为调节信号使用,应对其进行线性化处理。

6.1.3　氧化锆氧量计校验系统简介

（1）系统组成

氧化锆氧量计校验仪器主要由探头和变送器两部分组成。探头实际上是一种装有氧化锆电池的氧传感器,其主要作用是输出被测氧量所对应的电势信号值。变送器主要有两大功能:一是稳定控制探头的工作温度;二是从探头输入的电势信号值转换为对应的氧量值,并将氧量值转化为对应的电流值输出。

（2）各组成部分简介

1）探头简介

探头由氧化锆元件、加热炉、K形热电偶、过滤器、信号引线、接线盒及不锈钢壳体等组成,其结构如图6.1所示。

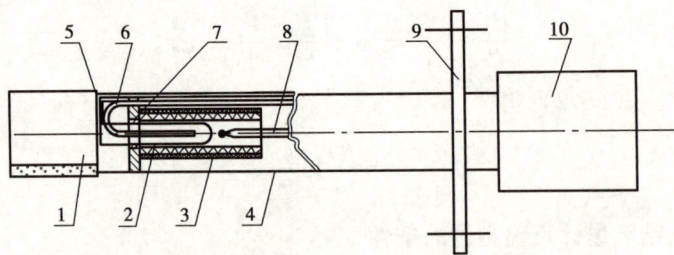

图6.1　探头结构示意图

1—过滤器;2—氧化锆元件;3—加热炉;4—外壳;5—信号引线;
6—标气管;7—元件法兰;8—K形热电偶;9—法兰;10—接线盒

探头各主要部件的作用:氧化锆元件是探头的核心部件,由其产生电势信号;加热炉将氧化锆元件加热到设定的工作温度;热电偶作为温度传感器,用来测量加热炉的温度;信号引线将氧化锆元件所产生的电势信号输送到变送器。

2）变送器简介

①基本结构。

变送器主要由主电路板、操作显示面板、接线端子和机箱等组成。主电路由氧浓差电势信号放大器、热电偶电势信号放大器、电源单元、中央处理单元、温控单元、显示单元及输出单元等部分组成。

由图6.2可知，探头产生的氧浓差电势信号、热电偶电势信号经分别放大后，由多路选择开关将其输入 A/D 转换器，经 A/D 转换后由 CPU 根据能斯特方程计算出氧量值，再经 D/A 转换、光电隔离及 V/I 转换，最后得到 DC 0～10 mA 或 DC 4～20 mA 的电流信号输出。

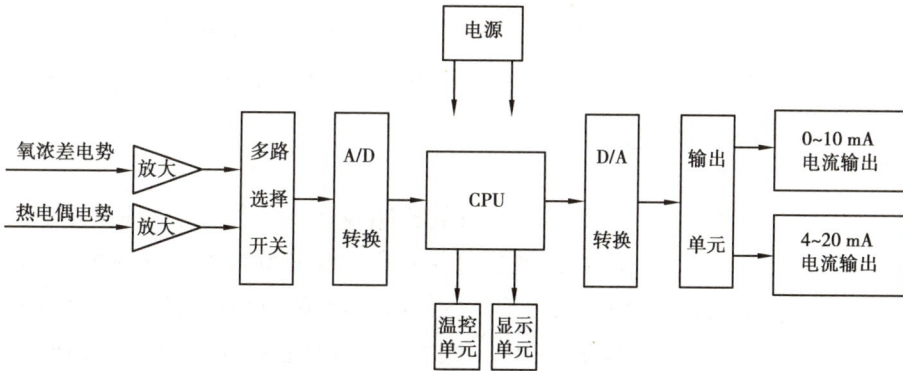

图6.2　变送器电路原理框图

②基本操作。

变送器的基本操作都在操作显示面板上完成。变送器的操作显示面板如图6.3所示。

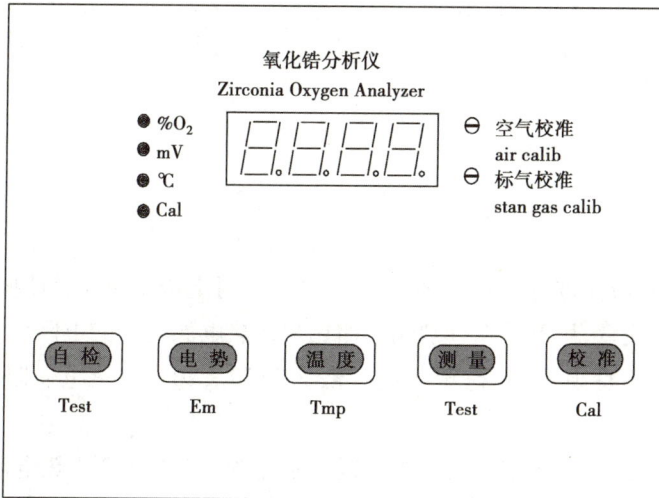

图6.3　变送器的操作显示面板

变送器各部分功能：中央为 LED 数码显示管（以下简称"LED"），显示相关的参数值。左侧为参数显示状态指示灯，LED 显示的数值为指示灯亮者所对应的参数值。右侧分别为空气校准和标气校准电位器，用来校准仪器，以提高测量精度。下方为操作按钮，由其决定

LED 显示内容。

具体操作：将变送器电源开关拨至"开"后，探头加热炉开始升温，"℃"指示灯亮，LED 显示探头加热炉温度值（如果安装的是新探头，开机后可能出现"V"指示灯亮、LED 显示为"HHHH"并闪烁的现象，这是因为新探头内保温材料含水分过多造成氧电势信号过大而超出量程，一般情况下，开机后 1 h 左右仪器将正常工作）。当加热炉温度达到 600 ℃ 时，"%O$_2$"指示灯亮，变送器电路将自动运算并显示测得的氧量值。此后，LED 显示内容由操作按钮决定。例如，当按住 自 检 时，"%O$_2$"指示灯亮，LED 显示自检氧量值（自检功能是为诊断变送器运算电路是否正常而设置的，其自检氧量值不代表探头所测氧量值）；当按住 电 势 时，"V"指示灯亮，LED 显示电池电势信号值；当按住 温 度 时，"℃"指示灯亮，LED 显示加热炉温度值；当按下 标 定 时，"Cal"指示灯亮，此时可以校准仪器；校准后按下 测 量，LED 显示被测氧量值，仪器进入测量状态。

③基本设置。

量程设置：变送器主电路板上设置了量程转换跳线开关。当把跳线插在左边两个并排的引脚上即靠近电路板 S1 的位置时，选择氧量量程为 0～20%，此时电流输出值 DC 0～10 mA 或 DC 4～20 mA 都是分别与该量程对应的值；当把跳线插在右边两个并排的引脚上即远离 S1 位置时，选择氧量量程为 0～10%，此时电流输出值 DC 0～10 mA 或 DC 4～20 mA 都是分别与该量程对应的值。初始量程设置为 0～20%，如需 0～10% 量程，将跳线插在右边两个引脚上即可（量程转换只影响对应电流输出值，而与变送器本身的氧量值显示无关）。

电流输出设置：变送器设有两档电流输出，分别为 DC 0～10 mA 和 DC 4～20 mA。初始电流设置为 DC 4～20 mA 信号输出。

【任务实施】

（1）仪器检验

在使用仪器前，应先进行检验，判断仪器正常后方可上炉安装。具体操作步骤如下：

①打开探头接线盒，用万用表分别测量加热炉及热电偶两端的电阻值，判断在运输中有无造成断线或接触不良现象［加热炉阻值一般为（150±20）Ω，热电偶阻值一般为（3.5±0.5）Ω］。

②判断无故障后，用符合要求的三组导线分别将探头"加热炉""热电偶"和"信号"接线端子与变送器对应接线端子连接好（图6.4、图6.5）。

氧电势信号线：1.0～1.5 mm^2，双芯金属屏蔽电缆。

热电偶线：1.0～1.5 mm^2，双芯镍铬-镍硅补偿导线。

加热炉线：1.2～1.5 mm^2，双芯普通电缆。

③将外接电源接在变送器"AC 220 V"端子上。

墙挂式变送器接线端子

探头接线端子

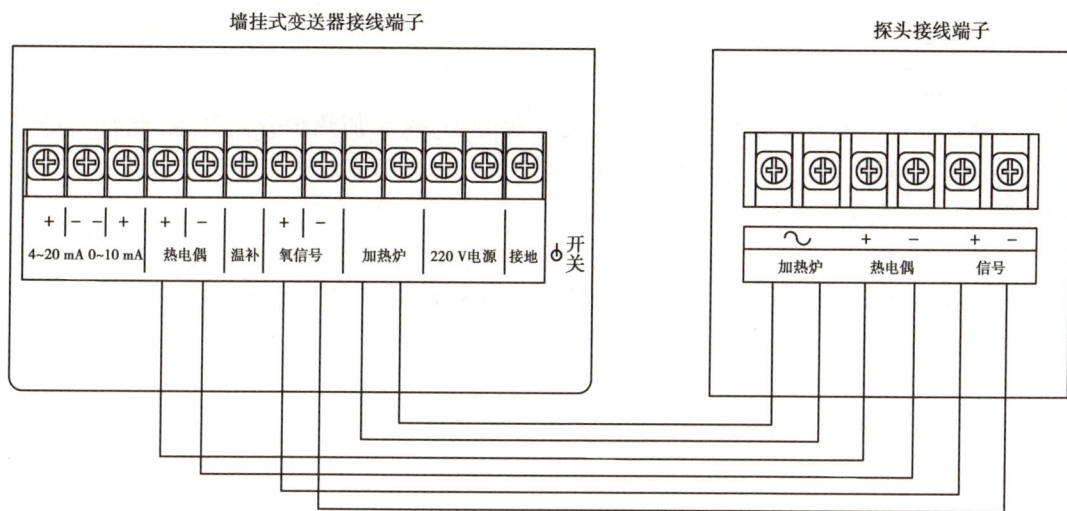

图6.4　墙挂式变送器与探头接线图

盘装式变送器接线端子

探头接线端子

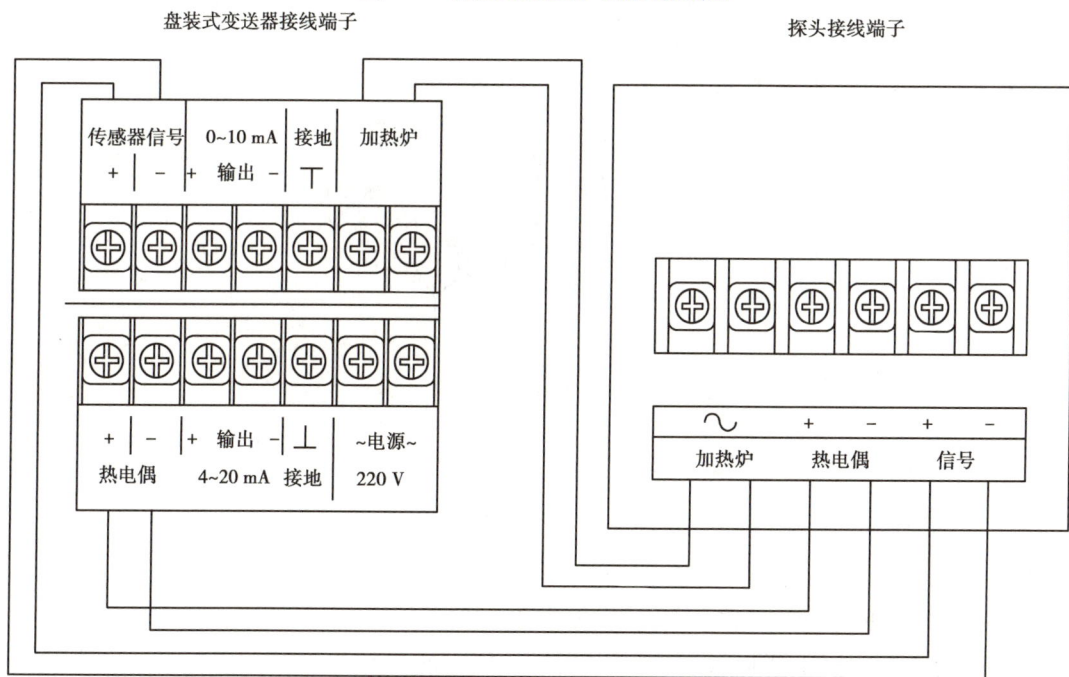

图6.5　盘装式变送器与探头接线图

④接通电源,加热炉开始升温,当达到600 ℃后,仪器自动转为氧量值显示。按住操作面板上的自检键,若显示为"5.00±0.20",则说明变送器氧量转换系统正常。

⑤稳定一段时间后,测量探头信号线两端的电阻及电势值,若电阻小于1 kΩ、电势绝对值逐渐减小且稳定后小于10 mV,表明探头完好,可以进行现场安装。

注意:将探头与变送器相应端连接时,不要错接、虚接或正负极反接。请勿将外接电源接入变送器或探头的"信号""热电偶"或"加热炉"接线端,否则,会损坏仪器。

（2）仪器校准

1）校准前的准备

确认仪器连线准确无误后，打开变送器电源开关，探头加热炉开始升温，此时变送器LED显示其温度值。当温度达到600℃时，变送器自动显示氧量值。当温度达到750℃并稳定后，仪器进入测量状态。

虽然仪器进入测量状态，但是在运行前期测量值可能有较大偏差或波动，这属于正常情况。一般探头大约需要运行24 h后，显示值才能趋于平稳，虽然此时指示正常，但是测量结果并不一定十分准确，应进行校准工作。

2）校准方法及步骤

本仪器采用两点校准法，即空气校准和标气校准。

第一步为空气校准，操作步骤如下：

①将探头"标气入口"打开，使空气自动进入探头。

②待显示稳定后，调节变送器操作显示面板上"空气校准"电位器，使显示为"21.00±0.20"。

第二步为标气校准，操作步骤如下：

①将标气校准装置按图6.6所示与气瓶连接好。

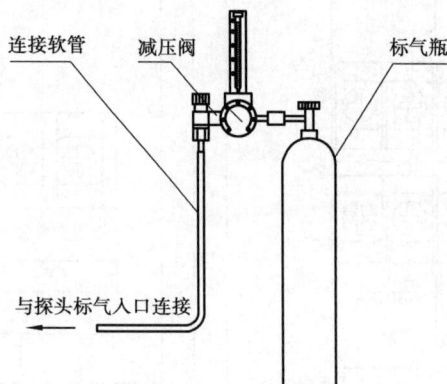

连接软管　减压阀　　　　　　　标气瓶

与探头标气入口连接

图6.6　仪器校准示意图

②确认减压阀处于关闭状态后，打开气瓶阀。

③缓缓打开减压阀，将标气流量调节为300～500 mL/min。

④将连接软管与探头"标气入口"相连，将标气通入探头，此过程应保证不漏气。

⑤通气约1 min后，调节变送器面板上的"标气校准"电位器，将氧量显示值调为标准气体氧量值即可。

操作注意事项如下：

①应先进行空气校准，再进行标气校准。

②应先调好标气流量，再将连接软管与探头"标气入口"相连，否则可能因气体流量过大而导致氧化锆元件破裂。

③校准过程中，应保证不漏气，以免影响校准的准确性。

④校准完毕时,一定要先从"标气入口"拔下连接软管,再关闭减压阀和气瓶阀。

⑤校准完毕后,应拧紧"标气入口"螺帽,否则空气进入将使氧量测量值偏大。

表6.1 氧化锆氧量计校准记录表

设备名称_____ 测点描述_____ 安装位置_____
制造厂家_____ 型号规格_____
标准仪器_____ 室　温_____

项目1		大气校准
	初始显示值	
	标准要求值	21.00 ±0.20%
	调整后示值	
备注		
项目2		标气校准
	标气流量	300 ~ 500 mL/min
	标气标准氧量值	7.06%
	初始显示值	
	调整后示值	
备注		
检修记录	外观检查	
结论		

（3）**常见故障分析与排除**

氧化锆氧分析仪产品故障易出现在探头部分,表6.2列举了常见故障现象、原因及排除方法。

表 6.2　常见故障现象、原因及排除方法

故障现象	原因分析	排除方法
变送器"mV"指示灯亮，LED 显示为"HHHH"并闪烁	对于刚安装的探头来说，可能是保温材料内残存水分过多造成电势信号超量程	属于正常现象，一般情况下，开机后 1 h 左右仪器将正常工作
	变送器与探头之间"信号"连线空接、虚接或正负极反接	将对应端子正确连接
	氧化锆元件信号引线断	更换氧化锆元件
	探头内部信号引线断	更换探头内信号引线
变送器"℃"指示灯亮，LED 显示为"HHHH"并闪烁	变送器与探头之间"热电偶"连线空接、虚接或正负极反接	将对应端子正确连接
	若连接正确，则探头热电偶断	更换热电偶
变送器"℃"指示灯亮，LED 显示为常温	若探头"加热炉"两端有电压输入或者"加热炉"两端电阻值为 ∞，说明加热炉断路	更换加热炉
	若探头"加热炉"两端无电压输入，且"加热炉"两端电阻值为 (150 ± 20) Ω，说明变送器电路有故障	返修变送器
氧量值显示偏高	仪器安装后，从未进行校准或运行 3 个月以上未校准	重新校准仪器
	探头安装点附近有漏气点	采取密封措施或更换安装点
	探头"标气入口"未密封	拧紧密封螺帽
氧量值变化缓慢	探头积灰严重	清除探头积灰。对于灰堵严重者，应考虑更换安装点
	探头安装在涡流或烟气流动性不好的死角	更换安装点
	探头安装点烟气温度过高，氧化锆元件老化	更换元件，并将探头安装到合适烟气温度点

【任务评价】

氧化锆氧量计校正任务评价表

任务名称	氧化锆氧量计校正						
姓名			学号				
序号	评分项目	评分内容及要求	评分标准		扣分	得分	备注
1	准备工作（10分）	1.工器具准备齐全 2.记录单、纸和笔等备品备件准备	1.工器具等不符合校验要求，每缺一项扣2分 2.备品备件每少一样，扣2分				
2	设备连接（10分）	设备连接正确，规范	1.设备连接错误，扣2分 2.安装不牢固，接头有渗油现象，扣5分				
3	操作过程（40分）	1.校验条件满足要求 2.空气、标气校准步骤正确 3.读数动作规范、正确	1.校验条件不满足，各扣5分 2.校验步骤不规范，每次扣5分 3.读数动作不规范，扣3分，错误，扣5分				
4	数据记录（10分）	数据记录正确，格式规范	数据记录格式不规范，扣2分				
5	数据处理（20分）	1.数据处理方法正确 2.结果正确	1.数据处理方法错误，扣5分 2.结果不正确，扣5分				
6	综合素质（10分）	1.着装整齐，精神饱满 2.现场组织有序，工作人员之间配合良好 3.独立完成相关工作 4.执行工作任务时，不大声喊叫 5.不违反仪表校验规定及相关规程 6.现场清理干净、无遗留物					
总分（100分）							
试验开始时间　　时　　分 结束时间　　时　　分					实际时间 　　时　　分		
教师							

情境 7 电涡流传感器测量位移

【情境描述】

利用电涡流传感器、电涡流传感器模块与测微头等设备组成的位移测量系统,测量直线位移。

【情境目标】

1. 了解电涡流传感器的工作原理和特性。
2. 能使用电涡流传感器测量位移。

任务 7.1 电涡流传感器测量位移

【任务目标】

1. 了解电涡流传感器的工作原理及测量方法。
2. 了解电涡流传感器测量电路。

【任务描述】

利用电涡流传感器测量直线位移。

【相关知识】

电涡流传感器能静态和动态的非接触、高线性度、高分辨力地测量被测金属导体距探头表面距离,它能较准确测量被测体(必须是金属导体)与探头端面之间静态和动态的相对位移变化。在对高速旋转机械的振动、弯曲、位移测量中,能连续准确地采集到表征转子状态的多种参数,如轴的径向振动、振幅、弯曲、偏心以及轴向位置等。

7.1.1　电涡流传感器测量原理

电涡流传感器是一种建立在涡流效应原理上的传感器。电涡流传感器由传感器线圈和被测导体(导电体—金属涡流片)组成,如图 7.1 所示。根据电磁感应原理,当传感器线圈(一个扁平线圈)通以交变电流(频率较高,一般为 $1 \sim 2$ MHz)I_1 时,线圈周围空间会产生交变磁场 H_1,当线圈平面靠近某一导体面时,由于线圈磁通链穿过导体,使导体的表面层感应出呈旋涡状自行闭合的电流 I_2,而 I_2 所形成的磁通链又穿过传感器线圈,这样线圈与涡流"线圈"形成了有一定耦合的互感,从而导致传感器线圈的阻抗 Z 发生变化。

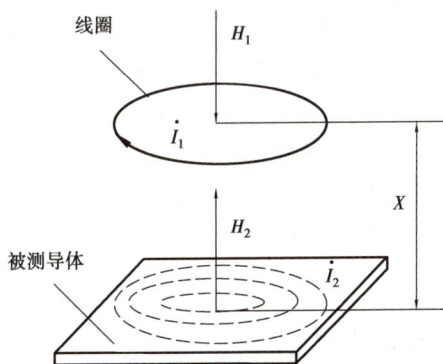

图 7.1　电涡流传感器原理图

我们可以把被测导体上形成的电涡流等效成一个短路环(虚拟线圈),这样就可得到如图 7.2 所示的等效电路,图中 R_1,L_1 为传感器线圈的电阻和电感。

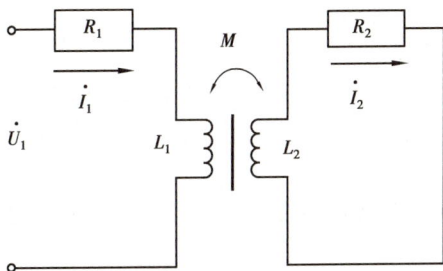

图 7.2　电涡流传感器等效电路图

电涡流短路环可以认为是一匝短路线圈,其电阻为 R_2、电感为 L_2。线圈与导体间存在一个互感 M,它随线圈与导体间距的减小而增大。

根据等效电路可列出电路方程组:

$$(R_2 + j\omega L_2)\ \dot{I}_2 - j\omega M\ \dot{I}_1 = 0 \tag{7.1}$$

$$(R_1 + j\omega L_1)\ \dot{I}_1 - j\omega M\ \dot{I}_2 = \dot{U}_1 \tag{7.2}$$

通过解方程组,可得传感器线圈的复阻抗为

$$Z = \frac{\dot{U}_1}{\dot{I}_1} = \left[R_1 + \frac{\omega^2 M^2}{R_2^2 + (\omega L_2)^2}R_2 \right] + j\omega\left[L_1 - \frac{\omega^2 M^2}{R_2^2 + (\omega L_2)^2}L_2 \right] \tag{7.3}$$

线圈受涡流影响后的等效电阻为

$$R_{eq} = R_1 + \frac{\omega^2 M^2}{R_2^2 + (\omega L_2)^2}R_2 \tag{7.4}$$

线圈受涡流影响后的等效电感为

$$L_{eq} = L_1 - \frac{\omega^2 M^2}{R_2^2 + (\omega L_2)^2}L_2 \tag{7.5}$$

由 Z,R_{eq} 和 L_{eq} 函数式[式(7.3)、式(7.4)、式(7.5)]可以看出,线圈与金属导体系统的阻抗 Z,R_{eq} 和 L_{eq} 都是该系统互感系数平方的函数,而从麦克斯韦互感系数的基本公式出发,可得互感系数是线圈与金属导体间距离 X 的非线性函数。因此 Z,R_{eq} 和 L_{eq} 均是 X 的非线性函数。虽然它整个函数是非线性的,但可选取近似为线性的一段。其实 Z,R_{eq} 和 L_{eq} 的变化与导体的电导率、磁导率、几何形状、线圈的几何参数、激励电流频率以及线圈到被测导体间的距离 X 有关。如果控制上述参数中的其余参数不变,只有一个参数变化,则阻抗就成为这个变化参数的单值函数。当电涡流线圈、金属涡流片和激励源确定后,并保持环境温度不变,则只与距离 X 有关。如此,通过传感器的调理电路(前置器)处理,将线圈阻抗 Z 的变化转化成电压或电流的变化输出。输出信号的大小随探头到被测体表面之间的间距 X 而变化,电涡流传感器就是根据这一原理实现对金属物体的位移、振动等参数的测量。

7.1.2　电涡流传感器测量电路

为实现电涡流位移测量,必须有一个专用的测量电路。这一测量电路(称为前置器,也称为电涡流变换器)应包括具有一定频率的稳定的振荡器和一个检波电路等。电涡流传感器位移测量实验框图,如图7.3所示。

电涡流传感器的电路组成如下:

①振荡器,产生频率为 1 MHz 左右的正弦载波信号。电涡流传感器接在振荡回路中,传感器线圈是振荡回路的一个电感元件。振荡器的作用是将位移变化转换成高频载波信号的幅值变化。

②π 形滤波的检测电器。检测电器的作用是将高频调幅信号中传感器检测到的低频信号取出来。

③射极跟随放大器。射极跟随放大器的作用是获得尽可能大的不失真输出的幅度值。

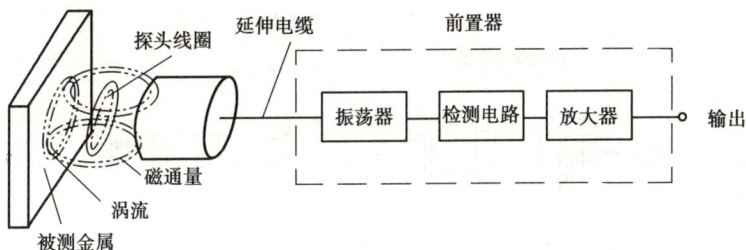

图 7.3　电涡流传感器位移测量实验框图

7.1.3　注意事项及总结

①测量之前电压表需要调零。

②量程与线性度、灵敏度、初始值均有关系。如果需要测量 ±5 mm 的量程应使传感器在这个范围内线性度最好,灵敏度最高,这样才能保证其准确度。

③根据需要测量距离的大小,一般距离较大要求量程较大,且灵敏度要求不会太高,而且量程有正负;反之,需要测量的距离较小,则对灵敏度要求较高,量程不需要太大,这样既能满足要求,同时又能保证测量的精确度。

【任务实施】

(1)准备工器具及材料(表 7.1)

表 7.1　操作现场准备的工器具及材料

序号	设备名称	单位	型号或规格	数量
1	电涡流传感器	个		1
2	电涡流传感器模块	个		1
3	铁质、铝质、铜质金属圆盘各一	个		3
4	测微头	个	mm	1
5	直流稳压电源	套	20 V	1
6	数显直流电压表	块	10 V	1

(2)操作步骤

①工器具安装。将工器具按图 7.4 所示安装到位。

②在测微头端部装上铁质金属圆片,作为电涡流传感器的被测体。

③将电涡流传感器输出线接入电涡流传感器模块,同时数显直流电压表与电涡流传感器模块输出端相接。

④用连接导线将 +15 V 直流电压源与电涡流传感器模块电源端相连。

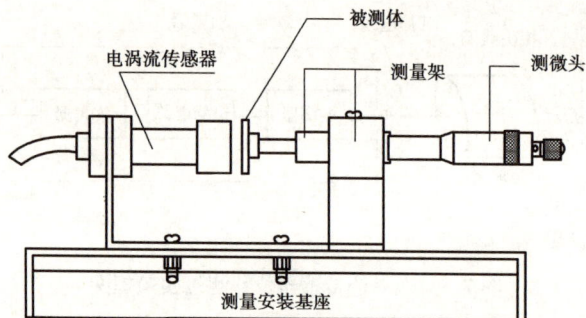

图7.4　电涡流传感器的安装示意图

⑤调整测微头与传感器线圈端部有机玻璃平面接触,记下数显表读数,然后每隔0.2 mm(或0.5 mm)读一个数,直到输出几乎不变为止。将结果列入表7.2。

表7.2　电涡流传感器位移 X 与输出电压关系表(铁质被测物)

X/mm											
U_0/V											
X/mm											
U_0/V											

⑥改用铝质被测物体重复上一步骤,将结果列入表7.3。

表7.3　电涡流传感器位移 X 与输出电压关系表(铝质被测物)

X/mm											
U_0/V											
X/mm											
U_0/V											

⑦改用铜质被测物体重复上一步骤,将结果列入表7.4。

表7.4　电涡流传感器位移 X 与输出电压关系表(铜质被测物)

X/mm											
U_0/V											
X/mm											
U_0/V											

⑧实验完毕,关闭电源,整理场地与设备。

(3)实验结果分析

①根据表中数据,画出 V-X 实验曲线,根据曲线找出线性区域比较好的范围,计算灵敏度和线性度(可用端点法或其他拟合直线)。

②在同一坐标轴上画出3种材质下电压与位移关系曲线图,比较在不同材质时的灵敏度与线性度。

【任务评价】

电涡流传感器测量位移任务评价表

任务名称	电涡流传感器测量位移					
姓名			学号			
序号	评分项目	评分内容及要求	评分标准	扣分	得分	备注
1	准备工作（10分）	1. 工器具准备齐全 2. 记录单、纸和笔等备品备件准备	1. 工器具等不符合校验要求的,每缺一项扣2分 2. 备品备件每少一样,扣2分			
2	设备连接（20分）	设备连接正确,规范	1. 设备连接错误,扣3分 2. 安装不牢固,接头有渗油现象,扣5分			
3	操作过程（30分）	1. 位移测量操作规范 2. 测微器调整正确 3. 读数动作规范、正确	1. 操作不规范,各扣5分 2. 测微器调整不规范,每次扣5分 3. 读数动作不规范,扣3分,错误,扣5分			
4	数据记录（10分）	数据记录正确,格式规范	数据记录格式不规范,扣2分			
5	数据处理（20分）	1. 数据处理方法正确 2. 结果正确	1. 数据处理方法错误,扣5分 2. 结果不正确,扣5分			
6	综合素质（10分）	1. 着装整齐,精神饱满 2. 现场组织有序,工作人员之间配合良好 3. 独立完成相关工作 4. 执行工作任务时,不大声喊叫 5. 不违反仪表校验规定及相关规程 6. 现场清理干净、无遗留物				
总分(100分)						
试验开始时间　　时　　分 结束时间　　时　　分				实际时间 　　时　　分		
教师						

【任务拓展】

电涡流传感器在工业生产中的应用很广,除了能测量位移之外,还能测量其他很多种机械类参数。请查阅相关资料,列出至少两种除位移外的汽轮机其他量的测量,完成下表。

序号	参数种类	传感器安装位置(可用图片)	测量原理
1			
2			
3			

参考文献

［1］国家能源局.火力发电厂热工检测及仪表设计规程:DL/T 5512—2016［S］.北京:中国电力出版社,2016.

［2］国家能源局.发电厂热工仪表及控制系统技术监督导则:DL/T 1056—2019［S］.北京:中国电力出版社,2019.

［3］国标.火力发电厂热工仪表与执行装置运行维护与试验技术规程:GB/T 34578—2017［S］.北京:中国标准出版社,2017.

［4］国家能源局.火力发电厂热工自动化系统检修运行维护规程:DL/T 774—2015［S］.北京:中国电力出版社,2015.

［5］国家能源局.电力变压器运行规程:DL/T 572—2010［S］.北京:中国电力出版社,2010.